QUILO DE CIENCIA
VOLUMEN XI
(2018)

JORGE LABORDA

QUILO DE CIENCIA
VOLUMEN XI
(2018)

Artículos de divulgación científica lo más informativos comprensibles y divertidos que un soñador pudo crear

TÍTULO:
Quilo de Ciencia Volumen XI (2018)

AUTOR:
Jorge Laborda

© Jorge Laborda Fernández, 2018

EDICIÓN Y COORDINACIÓN:
Jorge Laborda

MAQUETACIÓN:
Jorge Laborda

PORTADA:
Jorge Laborda

IMPRESIÓN:
Lulu

ISBN: 978-0-244-73944-7

Para Rosa

ÍNDICE

JUEGOS DE UNA INTELIGENCIA SUPERIOR

La inteligencia artificial no resulta ser ya superior a la humana, sino superior a sí misma

EN ESTAS FECHAS, los interesados en la ciencia suelen plantearse cuál ha sido el avance científico o tecnológico más importante del año anterior. Es una cuestión de muy difícil respuesta, porque esta depende, en parte, de lo que emocionalmente consideremos más importante. ¿Es más importante curar definitivamente un tipo de cáncer o desarrollar una nueva manera de generar energía renovable? Es un tema debatible.

Sin embargo, algunos avances son tan impresionantes que nos dejan con la boca abierta, patidifusos y "mentedifusos", todo al mismo tiempo. Uno de estos avances se ha producido el año pasado en el área de la inteligencia artificial, la cual ha superado ya a la humana y amenaza con dejarla muy atrás.

Durante el año 2017, las máquinas han superado a los humanos en tareas de inteligencia que, hasta el momento, estaban muy lejos de sus capacidades. Nuevos y revolucionarios algoritmos han conferido a las máquinas una capacidad de aprendizaje inusitada, muy superior a la humana, e independiente, además, del conocimiento anterior adquirido por los humanos. Sí, así es, las máquinas a partir de ahora pueden aprender ellas solas sin necesidad de ayuda humana y pueden aprender mejor y más rápido que cualquier humano y superarles en tareas complejas.

Para empezar, en enero de 2017, el programa *Libratus*, desarrollado por Noam Brown de la Universidad Carnegie Mellon, ha ganado sin paliativos a cuatro jugadores de Póker, en la variedad Texas Hold'em, considerados entre los quince mejores del mundo. No se nos escapa que el Póker es un juego de estrategia en el que interviene tanto el análisis estadístico racional como las emociones humanas. Este juego era, por ello, considerado muy difícil para la inteligencia artificial, entre otras razones porque la información disponible para los jugadores es incompleta, ya que ninguno conoce las cartas que tienen los otros, y la libertad para apostar diferentes cantidades aumenta la complejidad de las situaciones incluso con cartas idénticas.

La victoria de *Libratus* no ha sido cuestión de suerte, a pesar de jugar a un juego en el que el azar interviene de forma importante, ya que se jugaron 120.000 manos, un número más que suficiente como para establecer su superioridad de forma sólida y avalada por análisis estadísticos. ¿Cómo lo consiguió?

Hasta el año pasado, las máquinas de inteligencia artificial aprendían mediante el análisis del comportamiento humano. Por ejemplo, para enseñar a jugar al ajedrez a una máquina capaz de aprender la maquina analizaba millones de partidas jugadas por los mejores jugadores humanos y, a partir de esta información, desarrollaba sus estrategias de juego. Sin embargo, los diseñadores de *Libratus* generaron un algoritmo de inteligencia artificial conceptualmente revolucionario, con el cual la máquina aprendía sola, independientemente de la información y la experiencia humanas. La manera de aprender consistía en hacer jugar a la máquina partidas contra sí misma. Las partidas inicialmente demostraban una gran torpeza e ingenuidad, pero tras decenas de miles o incluso millones de repeticiones (las máquinas pueden jugar partidas a velocidades inimaginables por la imaginación humana), finalmente la máquina desarrollaba una estrategia ganadora.

Esta estrategia resultó ser, además, innovadora, es decir, creativa. Ciertas decisiones de *Libratus* fueron consideradas inadecuadas o excéntricas por los jugadores; sin embargo, al final se revelaron como estrategias ganadoras. Los jugadores humanos de Póker se encuentran ahora analizando estas decisiones para intentar comprender su efectividad.

AlphaGo

Más sorprendente, si cabe, ha sido lo sucedido con la última mejora, realizada en octubre de 2017, de *AlphaGo*, un artilugio desarrollado por la empresa Google que se había convertido ya en el campeón mundial del juego de Go unos meses antes. El Go es un juego de inteligencia considerado más complejo aún que el ajedrez. La versión anterior de *AlphaGo* había ganado por 3 partidas a 0 al campeón humano, tras ser entrenada durante varios meses mediante el análisis de partidas realizadas por jugadores humanos.

Sin embargo, el nuevo *AlphaGo*, llamado *AlphaGo Zero* por sus creadores, adoptó la estrategia de aprendizaje independiente, sin supervisión humana, jugando contra sí mismo. Tras solo cuarenta días de entrenamiento, en los que jugó 4,9 millones de partidas, (una cada alrededor de 7 décimas de segundo), el nuevo *AlphaGo* fue enfrentado al vigente campeón del mundo, es decir, el viejo *AlphaGo*. El enfrentamiento resultó ser una muy desigual batalla de inteligencia. El nuevo *AlphaGo* ganó al antiguo por un marcador de 100 partidas a 0. Sin paliativos. La inteligencia artificial no resulta ser ya superior a la humana, sino superior a sí misma. Evidentemente, esto ha sido solo posible gracias a la inteligencia humana en primer lugar, por supuesto.

Como en el caso del Póker, el nuevo *AlphaGo* demostró desarrollar estrategias de juego jamás antes descubiertas por los jugadores humanos. Los jugadores humanos de Go se encuentran ahora analizando estas estrategias extrahumanas, superhumanas diría yo, para intentar comprenderlas. Esperemos que lo consigan. Sin embargo, una cuestión que también convendría comprender es por qué los humanos, los más inteligentes de entre nosotros, no han desarrollado antes estas estrategias. ¿Cuántas cosas ignoramos aún los humanos que solo podrán sernos reveladas por máquinas inteligentes? ¿Qué más sorpresas nos aguardan cuando los ordenadores cuánticos, mucho más potentes que los tradicionales, sean una realidad?

Sea como sea, en el año 2017 hemos alcanzado una nueva era, una era en la que no solo es innecesario que las máquinas aprendan de los humanos, sino que son estos los que pueden empezar a aprender de lo aprendido por las máquinas. Bienvenidos pues a la era de la post-inteligencia humana, era que bien podríamos llamar el "Máquinaceno".

Referencia: L'IA réinvente des strategies de jeu. Science Et Vie 1203, noviembre 2017. AI versus AI: Self-Taught AlphaGo Zero Vanquishes Its Predecessor. Scientific American, October 2017.

7 de enero de 2018

SUICIDIO CELULAR CONTRA EL CÁNCER

Sobre estas células realizan una sofisticada ingeniería biomolecular que las convierte en células asesinas

VENCER EL CÁNCER sigue siendo uno de los objetivos más importantes de la investigación biomédica, y no cabe duda de que, poco a poco, esta se va acercando a él. Nuevos fármacos antitumorales han conseguido disminuir la mortalidad y aumentar la esperanza de vida de los pacientes de numerosos tipos de cáncer. Sin embargo, el mayor problema de los fármacos antitumorales es que no solo afectan a las células cancerosas y dañan también a muchas de las normales, en particular a las células del sistema inmune, causando inmunodepresión y graves efectos secundarios.

La investigación para desarrollar estrategias basadas en la inmunoterapia intenta paliar este grave problema. Estas estrategias tratan de modificar y estimular a determinadas células del sistema inmune para que identifiquen como extrañas, ataquen y eliminen a las células tumorales, sin afectar a las normales. Para conseguir esto, es necesario aplicar una sofisticada ingeniería biomolecular a las células del sistema inmune. La idea fundamental es diseñar una molécula detectora para una de las moléculas propias del tumor y que al mismo tiempo esté ausente de las células normales. El gen que contiene la información para producir esta molécula de diseño se introduce en linfocitos extraídos del paciente, los cuales vuelven a ser reintroducidos en este para que ataquen al tumor. Puesto que la molécula que detectarán estos linfocitos se encontrará solo en las células tumorales, en principio las células normales no serán afectadas, lo que disminuirá los efectos secundarios.

Aunque han producido resultados muy prometedores, estas estrategias no están tampoco exentas de problemas. La modificación genética de los linfocitos puede conducir a una activación excesiva de estos, la cual puede causar serios efectos perniciosos, como el síndrome de liberación de citocinas. Este síndrome se produce por una excesiva liberación de moléculas estimuladoras del sistema inmune, conocidas con el nombre genérico de citocinas. Esta estimulación excesiva puede generar una reacción inflamatoria generalizada que compromete la circulación sanguínea y podría conducir incluso a la muerte por fallo multiorgánico. Además, la eficacia de este tipo de estrategia depende de que los encuentros entre los linfocitos y las células tumorales sean numerosos, lo que no siempre sucede, ya que diversos tipos de tumores resultan de difícil acceso para estas células.

Por estas razones, sería interesante, bien generar fármacos más selectivos contra los tumores, bien modificar células que no pertenezcan al sistema inmune y capacitarlas para matar a las células tumorales, sin correr el peligro de estimular en exceso al sistema inmune. Existe aún otra posibilidad, que es la de combinar ambas posibilidades. Es lo que han realizado investigadores de la Universidad de Basilea, en Suiza.

DETECTAR Y MATAR

Los investigadores utilizan un tipo de célula embrionaria conocida por ser atraída por los tumores, por lo que esta irá en su busca de forma natural. Sobre estas células realizan una sofisticada ingeniería biomolecular que las convierte en células asesinas, aunque solo asesinas de células tumorales. El procedimiento es verdaderamente ingenioso. Veamos.

En primer lugar, los científicos modifican a las células para que estas fabriquen un enzima, la cual va a activar una reacción química que convierte a una sustancia inocua en un veneno mortal para las células. Sucesivas modificaciones, que ahora relataré, van a impedir, sin embargo, que el enzima actúe hasta que una célula tumoral entre en contacto con una célula asesina. Para ello, introducen una segunda modificación en las células: genes que fabrican en su superficie unas proteínas concretas que actúan como seguro, el cual ejerce una función similar al seguro que poseen las armas de fuego. Finalmente, también introducen en las células genes que fabrican un dispositivo capaz de detectar a las células tumorales, y solo a ellas. Este dispositivo está formado por una molécula, que también se sitúa en la superficie de las células, la cual sirve de detectora de una proteína propia de los tumores, como también sucedía en el caso de los linfocitos utilizados en inmunoterapia. Mientras la proteína detectora no detecte a la molécula del tumor, las moléculas del seguro impiden que el enzima actúe. De este modo, la célula asesina es completamente inofensiva. Sin embargo, cuando detecte a la molécula del tumor, al pasar junto a una célula cancerosa, entonces, y solo entonces, el seguro será inactivado y el enzima será liberado a las inmediaciones de la célula, lo que transformará la sustancia inocua en tóxica.

Los investigadores prueban la eficacia de estas células asesinas de diseño frente a células tumorales en frascos de cultivo en el laboratorio. El medio nutritivo de estos frascos, que permite vivir y crecer a las células, contiene también la sustancia inocua que solo será transformada en tóxica si el enzima es liberado al medio exterior por las células modificadas, lo cual solo sucederá cuando estas detecten a una célula tumoral. En ese momento, el enzima liberado transformará a la sustancia inocua en un veneno que matará a las células cercanas, incluida también a la propia célula asesina. Esta célula comete pues suicidio involuntario, pero, al hacerlo, mata también a varias de las células tumorales cercanas.

Por el momento, estas células de diseño no han sido aún probadas en animales de laboratorio. Este será el siguiente paso de esta investigación. Si estas células se revelan eficaces frente a uno o, tal vez, frente a varios tipos de tumores en estos animales, se realizarían ensayos clínicos con pacientes para probar la eficacia de esta metodología en casos reales. Mientras tanto, es también posible que nuevas células asesinas de diseño, con otras capacidades y dispositivos moleculares, sean generadas por varios laboratorios. Esperemos que, finalmente, se revelen eficaces y permitan salvar muchas vidas, aunque sea de personas que hoy son todavía solo unos niños.

Referencia: Ryosuke Kojima et al (2017). Nonimmune cells equipped with T-cell-receptor-like signaling for cancer cell ablation https://www.nature.com/articles/nchembio.2498

14 de enero de 2018

DOS NUEVOS DESCUBRIMIENTOS SOBRE EL COLESTEROL

Recientemente, no se ha descubierto un nuevo modo de regulación de la síntesis de colesterol, sino dos

CREO NO EQUIVOCARME al decir que si hay una molécula que nos preocupa en este convulso mundo, esa es el colesterol. ¿Quién ignora hoy que unos niveles elevados de colesterol en sangre son un claro factor de riesgo para las enfermedades cardiovasculares? ¿Quién que no esté preocupado por su salud ignora sus propios niveles de colesterol en su querido plasma sanguíneo?

Sin embargo, también creo no equivocarme al afirmar que la mayoría de las personas desconoce las importantes funciones que el colesterol desempeña en el organismo. Estas funciones son cruciales para la vida, porque el colesterol es la molécula más importante para la regulación de la fluidez de las membranas celulares, la cual es fundamental para la comunicación de las células entre sí y con el mundo exterior y para el paso de nutrientes y otras moléculas a través de ellas.

Como sabemos, las membranas celulares están formadas por dos capas de lípidos, fosfolípidos para ser precisos. Estos fosfolípidos son, en general, demasiado líquidos, demasiado fluidos, y no permiten mantener la integridad de la membrana por sí solos. La membrana se destruiría con facilidad si solo estuviera formada por fosfolípidos. Afortunadamente, moléculas de colesterol de intercalan entre ellos y permiten un mayor empaquetamiento molecular, convirtiendo a la membrana en menos fluida a la temperatura del organismo, y también haciéndola más estable. Esto permite, entre otras cosas, establecer conexiones firmes entre las células, algunas de las más queridas de ellas para nosotros son las conexiones neuronales.

El colesterol es tan importante para la vida de las células que todas ellas son capaces de sintetizarlo a partir de moléculas más sencillas en un proceso de nada menos que treintaisiete reacciones químicas, cada una de ellas regulada por la actividad de una enzima. Una persona media sintetiza alrededor de un gramo de colesterol al día y contiene treintaicinco gramos en su organismo. El colesterol puede también ser ingerido con los alimentos, aunque la cantidad ingerida no suele ser suficiente para cubrir las necesidades, por lo que su síntesis es la principal fuente de esta molécula. Las estatinas, una de las clases de fármacos más consumidos en estos tiempos, no actúan sobre la absorción de colesterol de los alimentos, sino que inhiben la actividad de una enzima importante para su síntesis, lo que consigue disminuir su concentración en la sangre.

La síntesis del colesterol es un proceso tan importante para el organismo que está finamente regulado y responde a las necesidades de las células en cada momento. Sin embargo, a pesar de la importancia de esta molécula, todos los procesos celulares que influyen en su regulación no son todavía conocidos. Afortunadamente, la investigación continúa, aun en este convulso mundo, y sigue aportándonos nuevos y fascinantes conocimientos. Así, recientemente, no se ha descubierto un nuevo modo de regulación de la síntesis del colesterol, sino dos.

SENSORES DE COLESTEROL

El primer mecanismo descubierto nos revela que una molécula presente en las membranas internas de la célula (en el orgánulo llamado retículo endoplasmático, para ser precisos) es capaz de detectar los niveles de colesterol en estas membranas. Si estos son excesivos, esta molécula, bautizada con el extraño nombre de Nrf1, se une al colesterol, abandona la membrana y viaja al núcleo celular, donde pone en marcha genes que van a activar un mecanismo de eliminación del colesterol. Cuando este vuelve a los niveles normales, la molécula abandona el núcleo y regresa a las membranas internas. Este mecanismo contribuye de manera importante para mantener en un rango adecuado la cantidad de colesterol celular.

El segundo mecanismo descubierto atañe a una enzima llamada escualeno monoxigenasa (EMO), también importante para la síntesis del colesterol, aunque no es afectada por las estatinas. Como Nrf1, esta enzima se encuentra inmersa en las membranas del retículo endoplasmático, donde interacciona con el colesterol presente en ellas.

Por supuesto, las enzimas, como proteínas que en general son, están compuestas de la unión de muchos aminoácidos. Estos se ordenan y se pliegan en el espacio, originando diferentes regiones en la molécula, cada una con una función diferente. Una de estas regiones de la enzima EMO es la encargada de llevar a cabo la reacción química en la que participa para la síntesis del colesterol. Sin embargo, otra de estas regiones sirve de señal para que las moléculas de esta enzima sean digeridas y destruidas, en cuyo caso la síntesis de colesterol se ve disminuida o incluso impedida.

Lo realmente fantástico de todo esto es que esta región de la enzima EMO se encuentra oculta en la membrana en la que se inserta, por lo que las enzimas que la atacan para digerirla no pueden alcanzarla. Sin embargo, el colesterol actúa como un traidor. Cuando sus niveles en la membrana aumentan en exceso la interacción con la molécula EMO cambia y esta es empujada hacia el exterior, lo que deja al descubierto su región susceptible al ataque de las enzimas digestivas. Estas, en consecuencia, la atacan y la destruyen, lo que detiene la síntesis de colesterol. Cuando los niveles de este hayan bajado, nuevas moléculas de EMO ocuparán el espacio de las antiguas y la síntesis de colesterol se reestablecerá a sus niveles normales.

No se escapa a nadie que el descubrimiento de estos dos nuevos mecanismos moleculares que combaten un exceso de colesterol en las células podría conducir en el futuro próximo al desarrollo de fármacos que, al igual que ya hacen las estatinas con otra etapa importante de la síntesis del colesterol, puedan modularlos. El conocimiento científico, bien utilizado, siempre incrementa la esperanza y, a veces, consigue que esta se convierta en una nueva realidad.

Referencias: Widenmaier et al., NRF1 Is an ER Membrane Sensor that Is Central to Cholesterol Homeostasis, Cell (2017), https://doi.org/10.1016/j.cell.2017.10.003 - Ngee Kiat Chua et al. A conserved degron containing an amphipathic helix regulates the cholesterol-mediated turnover of human squalene monooxygenase, a rate-limiting enzyme in cholesterol synthesis. J. Biol. Chem. (2017) 292(49) 19959-19973. http://www.jbc.org/content/292/49/19959.long

21 de enero de 2018

RIQUEZA Y DIVERSIDAD CEREBRAL

El sorprendente resultado de estos estudios fue que en algunas personas no se registró oscilación alfa alguna

EL CEREBRO ES un órgano bastante particular con respecto al resto de los órganos del organismo. El cerebro es el único órgano cuya estructura y actividad dependen de las vivencias y conocimientos que hayamos ido adquiriendo en la vida. Aunque la estructura cerebral general es remarcablemente similar entre las personas, la estructura fina, las conexiones entre las diferentes neuronas, acaban por codificar las vivencias y recuerdos de cada uno de nosotros que, por supuesto, son únicas.

Por esta razón, los neurocientíficos siguen estudiando en qué puede diferenciarse la actividad de los cerebros de las personas de acuerdo con sus vivencias. Estos estudios, sin embargo, adolecen de que las personas estudiadas suelen ser estudiantes universitarios que voluntariamente participan en ellos, en un entorno académico y bien controlado. Esta población, sin embargo, difícilmente representa la totalidad de la diversidad humana. De hecho, su homogeneidad cultural, social, etc., puede dificultar mucho la identificación de las buscadas diferencias.

El estudio de la actividad cerebral se puede realizar de varias maneras. Algunas de ellas son propias, en efecto, de entornos académicos u hospitalarios, como, por ejemplo, la resonancia magnética funcional. Es impensable utilizar esta tecnología con personas que habitan entornos pobres o remotos, lo que tal vez permitiera revelar mejor las diferencias interpersonales entre los cerebros humanos.

Afortunadamente, la resonancia magnética no es la única tecnología posible para estudiar la actividad cerebral. Existe otro método bien conocido de estudiarla: la electroencefalografía. La electroencefalografía fue inventada por el doctor alemán Hans Berger en 1924. Este hombre creía en la telepatía, la cual, de existir, implicaba la transmisión de señales a distancia entre los cerebros. En un intento de descubrir esta transmisión, el Dr. Berger conectó electrodos al cuero cabelludo de algunos voluntarios y analizó los cambios de voltaje eléctrico que estos registraban. Descubrió así, en efecto, que los electrodos revelaban cambios en la actividad cerebral. Uno de los más significativos se producía al cerrar los ojos. El Dr. Berger bautizó las ondas registradas por los electrodos en este caso como ondas alfa. Hasta hoy han sido consideradas como la firma electromagnética más importante del cerebro humano.

Sustanciales avances tecnológicos han permitido el desarrollo de pequeños electroencefalógrafos que pueden ser transportados con facilidad y utilizados para estudiar la actividad cerebral de personas que viven en áreas remotas y que no han estado todavía en contacto estrecho con la modernidad. Con esta idea, la Dra. Tara Thiagarajan y su equipo han estudiado la actividad cerebral de más de cuatrocientas personas en un área rural del sur de la India.

Antes de realizar el electroencefalograma, los investigadores sometieron a los participantes a un extenso cuestionario, en el cual preguntaban por su educación, su nivel de ingresos, su manera de comunicarse con los demás, el empleo de tecnología, de medios de transporte modernos, etc. Tras este cuestionario registraban la actividad cerebral en los catorce electrodos de los que constaba el electroencefalógrafo portátil de que disponían.

SIN BLANCA, SIN ALFA

El sorprendente resultado de estos estudios fue que en algunas personas no se registró oscilación alfa alguna, esta que hasta entonces había sido considerada como la más importante del cerebro humano. Este fenómeno jamás había sido observado antes. ¿Qué estaba sucediendo?

Una posible razón de la ausencia de la oscilación alfa en estas personas podía ser alguna diferencia en sus condiciones de vida. En efecto, los estudios realizados hasta ahora se habían efectuado con personas que vivían en entornos sociales modernos y desarrollados. No era el caso de las personas de estas comunidades rurales de la India, que, en muchos casos, sufrían de carencias importantes.

Cuando contrastaron los datos de los cuestionarios con la ausencia o presencia de ondas alfa en los participantes, los científicos se dieron cuenta de que el parámetro que mejor explicaba la ausencia de las ondas alfa, u ondas alfa más débiles de lo normal, eran los ingresos económicos. ¿Cómo puede la economía personal afectar a la actividad cerebral?

18

Los ingresos económicos son hoy el factor más relacionado con una mayor diversidad de experiencias vitales. Hace unos cientos de años, ser más rico no suponía necesariamente experimentar el mundo de forma diferente a como lo hacían los pobres. El caballo o el burro eran los medios de transporte para todos. Hoy, mayores ingresos conllevan un gran aumento en las posibilidades de experimentar el mundo de formas distintas. Quien no puede permitirse viajar en coche, tren o avión y está restringido a su pueblo, sin duda carece de una experiencia moderna vital importante, así como también carece del contacto con diferentes personas, idiomas o culturas. Estas carencias pueden afectar al desarrollo o a la actividad cerebral.

La relación que los científicos encontraron entre los ingresos y las ondas alfa era de carácter exponencial. Las personas con ingresos menores de un dólar al día carecían de ondas alfa. Estas aparecían y subían rápidamente en intensidad desde ingresos mayores de un dólar hasta los 30 dólares diarios. A partir de este valor de ingresos, la intensidad de las ondas alfa subía más lentamente y alcanzaba un máximo para unos ingresos de 50 dólares diarios. Esta relación era también muy intensa con la cantidad de combustible consumido para el transporte. Cuanto mayor eran los viajes y desplazamientos, mayores eran también las ondas alfa.

Estos estudios indican de nuevo que la diversidad y plasticidad cerebrales humanas son elevadas y que es necesario estudiar un gran número de cerebros de muchas personas en diversos entornos y culturas para llegar a evaluarla correctamente. Los científicos creen que la elaboración de un gran banco de datos de esta diversidad cerebral permitirá un mejor diagnóstico de enfermedades mentales y un mejor seguimiento de sus tratamientos. Habrá que esperar algunos años, no obstante, para disponer de esos interesantes y útiles datos.

Referencia: Alpha Oscillations and Modernization. http://sapienlabs.co/alpha-oscillations-modernization/

28 de enero de 2018

Hacia una vacuna universal contra la gripe

En ocasiones, estos mutantes producen virus más sensibles de lo normal a la respuesta inmune

LAS VACUNAS HAN sido uno de los avances más eficaces para mantenernos en buena salud. La cantidad de años de vida salvados por las vacunas es incalculable. De hecho, en la actualidad, una de las mayores amenazas para la salud, en particular para la salud de los niños desfavorecidos, es la irracionalidad de los padres que se niegan a administrarles vacunas, así como la obligación de tener que pagarlas en los casos en los que estas no están cubiertas por un sistema de seguridad social.

A pesar de los realmente impresionantes avances sobre el funcionamiento del sistema inmune y sobre la biología de los microrganismos patógenos y sus debilidades, algunas enfermedades siguen sin disponer de vacunas eficaces. Es, por ejemplo, el conocido y notorio caso del SIDA. Igualmente, otras enfermedades frecuentes, como la gripe, necesitan de la elaboración de nuevas vacunas cada año, que normalmente no son eficaces por completo.

El caso de la gripe es particularmente importante, porque esta enfermedad afecta a entre tres y cinco millones de personas anualmente, y causa entre 250.000 y 500.000 muertes. Cada año es necesario generar dos lotes de vacunas, una para el invierno en el hemisferio norte y otro para el invierno del hemisferio sur. La razón que explica esta necesidad es que el virus de la gripe muta rápidamente y genera variantes nuevas para las que muchas personas carecen de anticuerpos eficaces, incluso si han pasado la gripe hace solo unos pocos años atrás. Esta ausencia de anticuerpos eficaces permite al virus infectar a las células sin impedimentos serios y causar una enfermedad más grave.

La fabricación de vacunas contra la gripe se realiza en huevos de gallina fecundados. La variante de virus que se ha determinado como la más probable para la temporada de gripe que se avecina se hace crecer en embriones de pollo. De esta manera, el virus se atenúa en su virulencia, de modo que no genera una enfermedad seria en seres humanos. El virus crecido en embriones de pollo está atenuado porque se ha adaptado para reproducirse rápidamente en células de ave, pero no en células humanas. De este modo, la inyección de este virus de la gripe atenuado en humanos en forma de vacuna produce solo una infección lenta que da tiempo al sistema inmune a reaccionar y eliminarla y a generar las importantísimas células memoria que van a reaccionar muy rápidamente contra el virus si este intenta infectarnos en la vida real.

Esta forma de generar vacunas contra la gripe es costosa e ineficaz. En ocasiones, la variante de virus utilizada no es la que finalmente se revela como la mayoritaria y la causante de la enfermedad durante la temporada de gripe. La investigación científica lleva por ello décadas intentando desarrollar vacunas contra la gripe que sean más consistentes y eficaces. De momento no lo ha conseguido.

Un dicho ahora popular sugiere hacer cosas diferentes si deseas resultados diferentes. Esto es lo que se propusieron un grupo de investigadores de varias universidades y centros de investigación estadounidenses y chinos. Su idea básica fue la de generar un virus de la gripe atenuado de otra forma, un virus que luego pudiera ser manipulado para generar vacunas eficaces contra muchos tipos de virus de la gripe distintos. Veamos cómo lo han hecho.

VIRUS HIPERSENSIBLES

La investigación sobre el virus de la gripe ha revelado no solo que este virus muta y varía al menos cada año para escapar del sistema inmune, sino que, en ocasiones, estos mutantes producen virus más sensibles de lo normal a la respuesta inmune. Estos virus no son virus atenuados de forma tradicional, ya que no han sido crecidos en embriones de pollo, pero sí son virus atenuados de forma natural, al estimular una respuesta inmune muy eficaz y rápida, que impide el desarrollo de una enfermedad grave. Sin duda, este tipo de virus sería ideal para utilizarlo como vacuna. El problema es cómo generar este virus atenuado de manera controlada y de modo que la vacuna generada con él sea segura.

Para intentar conseguir un virus atenuado de esta forma, los científicos generaron en el laboratorio una enorme variedad de mutantes de virus de la gripe, secuenciaron sus genomas y analizaron cuáles de las mutaciones generadas podrían resultar en virus hipersensibles al sistema inmune. Con esta información, seleccionaron ocho de estas mutaciones y con ellas construyeron un virus de la gripe artificial que las contenía todas al mismo tiempo, y que, por esta razón debería ser muy sensible a la respuesta inmune y, por consiguiente, muy poco virulento.

Los científicos inyectaron este virus a ratones y a comadrejas, un animal este último muy utilizado en la investigación contra la gripe. En estos animales comprobaron que, tal y como esperaban, este virus artificial no causaba enfermedad. Los estudios indicaron que esto era debido a que el virus inducía una fuerte estimulación de los linfocitos T, los más importantes en la lucha contra los virus.

El hecho de que para dejar de ser atenuado el virus tendría que mutar ocho veces consecutivas y de manera muy precisa convierte a este virus en muy seguro para su uso en vacunas. Por ello, los investigadores proponen utilizarlo como una plataforma para incluir en su genoma las diferentes mutaciones propias de los virus estacionales y generar de este modo múltiples vacunas atenuadas y eficaces contra diversas variantes de este virus.

Las ventajas de este descubrimiento no acaban aquí. Esta estrategia podría ser utilizada para generar igualmente vacunas atenuadas contra otras enfermedades víricas para las que se carece de vacuna eficaz. La búsqueda y generación mediante diferentes medios de virus mutantes muy sensibles a la reacción del sistema inmune se podría revelar, por tanto, como una nueva y potente herramienta para a generación de vacunas seguras y eficaces.

Referencia: Yushen Du et al. (2018). Genome-wide identification of interferon-sensitive mutations enables influenza vaccine design. Science • VOL 359 ISSUE 6373.

4 de febrero de 2018

TIPOS DE MUERTE CELULAR Y PROGRESIÓN DEL CÁNCER

En este programa de la vida, la muerte aparece como un componente intrínseco de su buen funcionamiento

LA CIENCIA, COMO la vida, está llena de aparentes contradicciones que desafían al sentido común. Pensemos, si no, en lo extraño que nos resulta la teoría de la relatividad o la teoría cuántica. La ciencia ha revelado, sin duda, que el tiempo e incluso el espacio no son constantes e inmutables y que ambos están fusionados en una entidad, incomprensible para la mayoría de los mortales, llamada espacio-tiempo. Igualmente, la teoría cuántica nos revela que una partícula es también una onda que puede pasar al mismo tiempo por dos orificios separados, o que la realidad no se materializa hasta que la observamos.

La física no es la única ciencia que desafía al sentido común. La biología también lo hace en algunas ocasiones. Una de ellas ocurre nada menos que con el caso del crecimiento de los tumores.

Nada parece de mayor sentido común para acabar con los tumores que matar a las células cancerosas, no importa la forma, con un tratamiento con quimioterapia o con radioterapia, por ejemplo. Sin embargo, la investigación científica ha revelado que la forma en que los tratamientos matan a las células tumorales, lejos de acabar con ellas, pueden ayudar a los tumores a progresar. Si esto no va contra el sentido común, pocas cosas lo hacen.

Afortunadamente, la ciencia no solo revela hechos aparentemente contrarios a nuestro sentido común, que es mucho menos fiable de lo que algunos piensan, sino que la ciencia aporta también datos que ayudan a explicar por qué el sentido común falla. En el caso de los tumores, la investigación ha revelado que la muerte de algunas células y el modo en el que estas mueren es fundamental para que el sistema inmune tolere su crecimiento y no ataque al tumor.

En la gran mayoría de los casos, los tumores repiten programas celulares que son propios de la vida embrionaria. Tal vez resulte difícil de aceptar que desde el momento en que un óvulo es fecundado por un espermatozoide, la célula resultante desarrolla un programa, es decir, una serie de pasos definidos, a partir de la información que tiene almacenada en el genoma. Nosotros somos el resultado de ese programa.

En este programa de la vida, la muerte aparece como un componente intrínseco de su buen funcionamiento. Muchas células nacen solo para ser sacrificadas en el proceso de la generación de órganos y tejidos. Estas células sufren un proceso de muerte celular programada, más conocido en lenguaje científico con el nombre de apoptosis.

La apoptosis es una forma de muerte celular bastante suave para el organismo, ya que esta forma de morir es ordenada y no hace excesivo daño. La mayoría de los componentes moleculares de las células muertas quedan englobados en vesículas que, a continuación, son fagocitadas por células del sistema inmune, sin que por ello se produzca una dañina reacción inflamatoria.

La apoptosis, como muerte programada que es, es una muerte esperada que, al no ser resultado de un ataque exterior, sino producto de las propias necesidades del organismo, no genera alarma. Al contrario, este tipo de muerte genera tolerancia del sistema inmune por las células similares a las que han muerto, pero que siguen vivas. La apoptosis participa de este modo en el proceso de equilibrio homeostático durante toda la vida de los organismos.

MUERTES NO PROGRAMADAS

Pues bien, se ha comprobado que los tumores, al repetir estos procesos, generan también tolerancia del sistema inmune hacia ellos. Durante el crecimiento de un tumor, como durante el crecimiento embrionario, algunas células dan su vida para que las demás continúen viviendo y creciendo, ayudando con su muerte a impedir que el sistema inmune ataque a sus compañeras. Es una estrategia de supervivencia tumoral que finalmente acabará con la vida del organismo, incluidas las células tumorales, pero ellas no lo saben y siguen el programa ciegamente.

Sin embargo, evidentemente, las células pueden morir por otras razones. Pueden, por ejemplo, morir por la acción de un virus, o por una sustancia tóxica, o por falta de oxígeno, o incluso por un traumatismo. En esos casos, las células no mueren de manera ordenada. Este proceso de muerte no programada se denomina necrosis y en él las células sí liberan al exterior muchos de sus componentes moleculares. Estos componentes son detectados por el sistema inmune, el cual desarrolla en este caso una reacción inflamatoria, es decir, una reacción de defensa.

En el caso de los tumores, investigaciones recientes han revelado que la mayoría de los tratamientos de quimioterapia matan a las células gracias a que inducen una muerte celular programada. Como hemos dicho, este tipo de muerte estimula una reacción de tolerancia por parte del sistema inmune, por lo que, paradójicamente, estos tratamientos, que parecen eficaces inicialmente al reducir la masa tumoral, pueden acabar favoreciendo a la larga el desarrollo de los tumores. En efecto, la investigación reciente ha revelado también que los mejores pronósticos sobre el desarrollo del cáncer se consiguen al tratarlo con sustancias que no inducen la muerte celular por apoptosis. En estos casos, la acción del agente quimioterapéutico ayuda al sistema inmune a activarse para atacar a los tumores, por lo que su efectividad directa se une a una acción indirecta del sistema inmune que aumenta su eficacia global.

A pesar de la intensa investigación realizada, en general en otros países científicamente más concienciados y desarrollados que el nuestro, estas complejas relaciones entre las células de un tumor, las de su entorno y los agentes empleados para su tratamiento todavía no son bien conocidas. Desvelarlas e intervenir de manera más informada sobre ellas permitirá tal vez desarrollar revolucionarios tratamientos antitumorales mucho más eficaces que los actuales. No es ciencia ficción. Al fin y al cabo, similares palabras, dichas hace alrededor de cincuenta años, ya se han hecho hoy realidad.

Referencia: Jonathan M. Pitt, Guido Kroemer, and Laurence Zitvogel. Immunogenic and Non-immunogenic Cell Death in the Tumor Microenvironment. Advances in Experimental Medicine and Biology 1036, https://doi.org/10.1007/978-3-319-67577-0_5

11 de febrero de 2018

HORMIGAS ENFERMERAS

Las hormigas sanas lamen con gran cuidado por varios minutos las heridas de sus compañeras

DE VEZ EN cuando, conviene adentrarse en la ciencia pura, esa que en principio no tiene otra utilidad que la de que nos maravillemos con la Naturaleza y aprendemos a respetarla y a amarla, que no es poco. Esta semana, quizá porque he comenzado a escribir esto por San Valentín, vamos a tratar de un tema que nos revela uno de los maravillosos aspectos de la Naturaleza: el amor y cuidado hacia los demás, incluso cuando eres una hormiga guerrera.

Investigadores de la Universidad Julius-Maximilians de Würzburgo, en Alemania; realizan el asombroso descubrimiento de que una especie de hormiga africana cuida las lesiones de sus compañeras heridas en combate. Sin estos cuidados, el 80 % de las hormigas heridas morirían, pero gracias a ellos, solo mueren el 10%. Este comportamiento aparentemente altruista no se ha observado antes en ninguna otra especie de invertebrado.

Estas hormigas que, si no son médicas, al menos sí son enfermeras, pertenecen a la especie conocida por el nombre de hormiga Matabele (*Megaponera analis* es su nombre científico*).* Estas hormigas habitan el África subsahariana, extendiéndose desde unos 15° al norte del ecuador hasta el sur de África. El nombre de esta hormiga le ha sido dado en honor a los Matabele, tribu de terribles guerreros sudafricanos que conquistaron a sus tribus vecinas durante el siglo XIX.

No es para menos, porque la talla y el comportamiento de estas hormigas las convierte en unas terribles predadoras. Una obrera Matabele puede medir cerca de dos centímetros de largo. Las Matabele son una de las hormigas más grandes del planeta.

Sin embargo, lo realmente extraordinario de esta hormiga es su comportamiento. Las Matabele son hormigas que solo se alimentan de termitas, a las que dan caza y captura en destacamentos de entre 200 y 600 individuos (entre un 10% y un 30% de los componentes de una colonia).

Antes de montar el ataque, las Matabele envían hormigas exploradoras a la búsqueda de zonas donde pueda haber termitas alimentándose o bien los propios termiteros donde se alojan. Cuando una exploradora encuentra una zona con termitas, regresa al hormiguero dejando un rastro de feromonas por el camino que le permitirá regresar al sitio donde las ha encontrado.

PARTIDA DE CAZA

Una vez en el hormiguero, la exploradora comunica de algún modo aún no conocido a sus compañeras la información de que ha encontrado un número de presas que merece la pena cazar. Se organiza entonces un destacamento de hormigas que forman una columna tras la hormiga exploradora, la cual realiza de vuelta el camino andado siguiendo el rastro de feromonas que dejó inicialmente para regresar al hormiguero. En ese momento, todas las hormigas de la columna dejan sus propias feromonas por el camino, lo que les permitirá regresar mucho más fácilmente al hormiguero tras la caza.

Llegadas cerca de la zona donde se encuentran las termitas, la hormiga exploradora que lidera la columna se detiene y deja tiempo a que todas las hormigas que la siguen lleguen adonde ella está. Las hormigas forman así un frente de ataque que avanza de manera coordinada a la caza de las termitas.

La batalla es encarnizada. Las obreras de las termitas pueden ser presas cómodas, pero los soldados no son carne fácil. Estos defienden a las obreras ferozmente y son muy fuertes, pudiendo con sus mandíbulas matar a las hormigas o, cuando menos, arrancarles una o varias patas, lo que suele ser frecuente en las escaramuzas entre estas dos especies.

Las hormigas heridas liberan una sustancia volátil, otra feromona, que informa a sus compañeras de su estado. Estas acuden al rescate y en muchos casos transportan a la hormiga herida al hormiguero. Esto fue descubierto por el mismo grupo de investigadores el pasado año. Curiosamente, que una hormiga herida sea rescatada o abandonada depende del comportamiento de la propia hormiga herida. Las hormigas con heridas que no resultan mortales se quedan quietas y se dejan capturar y transportar por sus compañeras al hormiguero. No obstante, las hormigas con heridas mortales, como, por ejemplo, con cuatro o cinco patas arrancadas por los soldados de las termitas, se resisten con todas sus fuerzas a que las compañeras las transporten. Es su manera de decirles que no es prudente invertir energía y recursos en ellas, porque realmente ya no sirven para nada a las demás y están mejor muertas.

Ahora, los investigadores profundizan en este asunto y estudian qué sucede con las hormigas heridas que han sido transportadas al hormiguero junto con las termitas capturadas. Los científicos comprueban que las hormigas sanas lamen con gran cuidado por varios minutos las heridas de sus compañeras. Este comportamiento permite una curación mucho más frecuente. Sorprendentemente, las hormigas que han perdido solo una o dos patas, cuando sanan, pueden adaptar su locomoción y con las patas que les restan caminar incluso a la misma velocidad que las hormigas sanas. Pueden así ocuparse de las tareas de la colonia o incluso unirse a sus compañeras de nuevo en destacamentos de caza.

Este comportamiento sanitario acarrea importantes consecuencias económicas a las colonias de hormigas Matabele, ya que permite que estas sean hasta un 28,7% mayores de lo que serían si tuvieran que emplear la energía necesaria para reemplazar a las hormigas que morirían de no aplicárseles cuidados. El cuidado de los semejantes, público o, por supuesto, privado, siempre parece reportar beneficios a quienes lo ejercen y nunca es tan altruista como pudiera parecer a primera vista.

Finalmente, en cuanto a la utilidad de estas extraordinarias investigaciones, además de permitir que nos maravillemos con ellas, es posible que la saliva de estas hormigas contenga sustancias antimicrobianas o antifúngicas, lo que habrá que estudiar. Quién sabe, tal vez uno o varios eficaces antibióticos, que, en esta ocasión, podrán salvar vidas humanas, puedan derivarse de estos estudios y de estas hormigas guerreras.

Referencia: Erik T. Frank et al. (2018). Wound treatment and selective help in a termite-hunting ant. Published 14 February 2018.DOI: 10.1098/rspb.2017.2457

18 de febrero de 2018

UNA MONADA DE DESCUBRIMIENTO SOBRE EL SIDA

En 2016, alrededor de 36,7 millones de personas estaban infectadas por el virus VIH, el cual causó un millón de muertes

LA ENFERMEDAD DEL SIDA (síndrome de inmunodeficiencia adquirida) sigue siendo una enfermedad infecciosa incurable para la que se carece de vacuna. Recordemos que la enfermedad está causada por el virus de la inmunodeficiencia humana (VIH), el cual infecta y mata a las células más fundamentales del sistema inmune: los linfocitos llamados T CD4. Cuando el número de estos linfocitos en la sangre es menor que un umbral crítico, el sistema inmune deja de funcionar correctamente.

Esta situación puede tardar varios años en establecerse desde la infección inicial, la cual produce síntomas similares a los de la gripe y luego ya no genera síntomas perceptibles. Tras esta primera infección, los afectados pueden llevar vidas normales durante muchos años, desconocedores de la amenaza que progresa en su interior y que les conducirá a la muerte a menos de recibir tratamiento farmacológico. Sin embargo, cuando suficientes linfocitos T CD4 han sido eliminados por el virus, los afectados comienzan a sufrir infecciones serias y también desarrollan tumores que no aparecen en personas con un sistema inmune sano.

En 2016, alrededor de 36,7 millones de personas estaban infectadas por el virus VIH, el cual causó un millón de muertes ese año. Desde sus inicios al principio de la década de los 80 del pasado siglo, la epidemia de SIDA ha causado la muerte de alrededor de 40 millones de personas. La enfermedad no puede ser curada, pero el tratamiento con fármacos antirretrovirales permite a la gran mayoría de los pacientes llevar una vida normal con mínima disminución de su esperanza de vida. El tratamiento no resulta barato, y no está al alcance de todas las personas que lo necesitan, la mayoría de las cuales vive en África subsahariana. Por consiguiente, sigue siendo importante aumentar el conocimiento sobre este virus y sobre los factores que podrían frenar su progresión.

Un aspecto que, a pesar de ser conocido desde hace varios años, no había sido estudiado en profundidad es la razón por la que algunas especies de primates son resistentes a la progresión de la enfermedad, mientras que otras, que incluyen a los macacos y al ser humano, son muy susceptibles a la misma. Los simios son infectados por un virus similar al VIH, denominado VIS (virus de la inmunodeficiencia de los simios). Sin embargo, algunas especies de primates, cuando son infectadas por este virus, no desarrollan la enfermedad y permanecen en una situación similar a la de los pacientes tratados con fármacos antirretrovirales, evidentemente sin ser tratados con ellos, es decir, sin coste sanitario alguno, un factor de enorme importancia para los actuales gobiernos.

Una de estas especies de primates es el mangabey gris, un mono de mediano tamaño, de la familia de los cercopitecos, que habita una región situada entre Senegal y Gana, en África. Este animal es infectado de manera frecuente por el virus VIS, el cual ha pasado desde esta especie a infectar también al ser humano, se ha adaptado a este y ha originado la variante de virus de SIDA llamada VIH-2. La variante VIH-1 proviene del chimpancé.

Cuando los mangabeys son infectados por el virus VIS, estos se encuentran inicialmente indefensos frente a la infección. El número de partículas virales en la sangre alcanza niveles comparables a los del caso humano, sus linfocitos T CD4 mueren igualmente como consecuencia de la reproducción del virus en su interior y, como sucede también en el caso humano, los mangabeys no pueden curarse eliminando la infección.

SIN SIDA

A pesar de esto, en un claro contraste con el caso humano, los mangabeys nunca dejan de disponer de niveles adecuados de linfocitos T CD4. Además, no experimentan disfunción del sistema inmune de las mucosas, el que protege órganos que se encuentran en contacto con el medio exterior, como el intestino o los pulmones. Finalmente, mantienen bajos niveles de activación del sistema inmune y son capaces de conservar vivos a los linfocitos T memoria, que reaccionan más rápidamente contra un microorganismo cuando este intenta infectar de nuevo, ya que "recuerdan" algunas de sus características moleculares.

La razón de estas diferencias entre el comportamiento del sistema inmune de mangabeys y humanos era desconocida. La hipótesis más plausible, sin embargo, era que estas diferencias se debían a un modo de funcionamiento distinto de genes o de proteínas propias del sistema inmune de ambas especies. Para intentar averiguar si esto era cierto, un grupo de treinta investigadores ha secuenciado el genoma del mangabey gris y ha realizado un análisis computarizado comparando este genoma con los genomas humanos y de macaco, primates estos últimos igualmente muy vulnerables al desarrollo de SIDA una vez infectados por el virus. Los investigadores buscaban identificar diferencias en genes que pudieran estar relacionadas con una variación en el funcionamiento del sistema inmune para hacer frente a los virus VIH o VIS.

Este análisis ha identificado treinta y cuatro genes candidatos que podrían explicar por qué los mangabeys infectados con VIS no desarrollan SIDA. Dos de estos genes son particularmente interesantes y podrían ser los principales responsables de esta situación ventajosa para los mangabeys.

Por el momento, estas investigaciones solo abren la puerta a nuevos estudios más profundos en los que se confirmen los genes que permiten a los mangabeys coexistir de manera pacífica con el virus VIS. Una vez identificados y comprendido su modo de acción, es posible imaginar el desarrollo de nuevos fármacos que, en lugar de actuar contra el virus, como hacen los actuales, actúen para modular la actividad del sistema inmune y prevenir el desarrollo del SIDA en los seres humanos, como sucede en los mangabeys. Idealmente, la combinación de ambas estrategias, fármacos contra el virus y fármacos a favor del sistema inmune, podría tal vez conducir a la cura de la enfermedad.

Referencia: David Palesch et al. (2017). Sooty mangabey genome sequence provides insight into AIDS resistance in a natural SIV host. http://www.nature.com/doifinder/10.1038/nature25140

25 de febrero de 2018

EL SECUESTRO GENÉTICO DE LAS PLANTAS PARÁSITAS

Vagos y maleantes los hay en todos lados, hasta en el mundo vegetal.

LO MÁS PROBABLE es que al hablar de parásitos evoquemos imágenes de algún protozoo, como el que causa la malaria, o algún gusano intestinal. Tal vez pocos imaginan que las plantas pueden ser también terribles parásitos de otras plantas. No es sorprendente, porque la mayoría los vegetales son organismos autótrofos, es decir, generan su propio alimento a partir del aire, el agua, el sol y la tierra, extrañamente similares a los antiguos cuatro elementos. ¿Qué necesidad tienen las plantas de parasitar a otras?

Y, sin embargo, vagos y maleantes los hay en todos lados, hasta en el mundo vegetal. A lo largo de la evolución, algunas plantas han encontrado que es mucho más cómodo insertar sus raíces en otras para chuparles la savia que intentar conseguir el agua y los restantes elementos por sus propios medios. De este modo, se ahorran la generación de clorofila y la formación de hojas, y sus raíces no necesitan ser muy fuertes ni muy profundas, ya que basta con que las mantengan insertadas en el interior de la planta a la que parasitan.

Unos de los parásitos vegetales que más daño causan a la agricultura son las plantas del género cuscuta, el cual cuenta con cerca de 170 especies que generalmente habitan regiones cálidas o tropicales. Solo cuatro especies de cuscuta son nativas de Europa del norte. Como carecen de clorofila, las plantas de este género son de color naranja, amarillo o rojo, aunque alguna hay que es verde. Sus tallos son finos y carecen de hojas, pero sí forman flores de varios colores y las semillas que generan, aunque diminutas, son muy abundantes.

Una de las curiosidades de estas plantas parásitas es que no pueden serlo en todas las fases de su vida. Precisamente en los primeros días tras la germinación, las cuscutas deben arreglárselas solas y encontrar rápidamente una planta en la que insertarse y a la cual parasitar, o de otra forma mueren entre los cinco y los diez días de edad. Como no pueden generar su propio alimento, las plantas jóvenes viven del alimento almacenado en los cotiledones de la semilla. Deben adherirse a una planta antes de que este se agote.

Otra curiosidad de estas plantas es que para ayudarse a encontrar una planta cercana a la que parasitar, cuentan con una especie de sentido del olfato y con él son capaces de detectar sustancias volátiles emitidas por las plantas vecinas, a las que se dirigen lentamente hasta alcanzarlas. Algunos experimentos han mostrado que incluso tienen ciertas preferencias y puestas a elegir entre una planta de tomate u otra de trigo, prefieren a la primera.

Cuando una planta de cuscuta alcanza a otra a la que pretende parasitar, se enrosca alrededor de sus tallos o ramas y genera lo que se denomina haustorios, una especie de raíces finas que se insertan en los tejidos de la planta a la que la cuscuta parasita y absorben nutrientes a partir de ella. En ese momento, la raíz original de la cuscuta muere. A partir de la primera planta parasitada, una única planta de cuscuta puede extenderse y parasitar a otras plantas vecinas.

GUERRA DE INFORMACIÓN

Como es de esperar por lo que se sabe de las relaciones entre hospedadores y parásitos, lo más probable es que se haya desarrollado una guerra evolutiva entre las plantas de cuscuta y las plantas a las que parasita. Estas intentarán desarrollar medios de defensa para evitar ser parasitadas. Las cuscutas intentarán, por su parte, anular esas defensas. Cómo se desarrolla esta guerra en la actualidad no era bien conocido, pero ahora, un grupo de investigadores de la Universidad Virgina Tech, en un artículo publicado en la revista *Nature*, revelan algunos de los mecanismos moleculares de ataque y defensa desplegados tanto por las cuscutas como por las plantas a las que parasita.

El estudio actual se apoya en descubrimientos previos del mismo equipo de investigación. Uno de ellos reveló que las plantas pueden intercambiar gran cantidad de información genética en forma de ARN mensajeros. Otro descubrimiento reveló que algunas plantas parásitas pueden piratear este intercambio de información y secuestrar genes que pueden luego utilizar para manipular a la planta a la que parasitan y evitar que esta pueda expulsarlas.

Ya he mencionado en alguna ocasión que la vida es una guerra de información. Todos los organismos intentan expandir la información contenida en sus genomas a expensas de la información de otros genomas competidores. Esta guerra de información es muy intensa entre un parásito y su hospedador.

Cuando una planta es parasitada por otra, uno de los mecanismos de defensa consiste en intentar "coagular" el flujo de savia desde sus vasos a los de la planta parásita para evitar que esta pueda alimentarse a su costa. Como todo en la vida, la activación de estos mecanismos depende de la puesta en marcha de genes concretos. Y bien, la información genética robada a lo largo de la evolución de las plantas del género cuscuta es ahora utilizada para generar pequeños fragmentos de ARN, llamados microARNs, que impiden el funcionamiento de uno de los genes fundamentales para activar este mecanismo de defensa. Uno de estos microARNs posee una secuencia de "letras" complementaria a una zona de las letras de este gen, se une a ellas, lo bloquea, y evita que la proteína sea producida.

Los investigadores descubren también que la planta hospedadora intenta igualmente manipular la información genética de la planta parásita para defenderse de ella. El análisis de todas las armas moleculares desplegadas, tanto por el parásito como por el hospedador, permitirá tal vez desarrollar modos de intervención en estos mecanismos para intentar potenciar la resistencia de las plantas que cosechamos frente a las plantas parásitas y disminuir o bloquear la capacidad invasiva de estas. Estos estudios pueden ser, por consiguiente, importantes para permitir alimentar adecuadamente a una, por el momento, siempre creciente población humana sobre el planeta.

Referencia: Saima Shah ewt nal. (2018). MicroRNAs from the parasitic plant Cuscuta campestris target host messenger RNAs. Nature. VOL 553 | 4 january 2018. http://www.nature.com/doifinder/10.1038/nature25027

4 de marzo de 2018

UNA NUEVA CELULOSA BACTERIANA

Probablemente, los primeros organismos que generaron celulosa no fueron las plantas, sino las bacterias

LA CIENCIA DESVELA hechos sobre la realidad duros de aceptar. Uno de estos hechos que me resistía a aceptar cuando era estudiante es que, con solo un átomo de diferencia, o incluso con solo un ordenamiento espacial diferente de los mismos átomos, las sustancias pudieran tener propiedades muy, pero muy, diferentes. Comprendía por qué esto podía suceder, pero me costaba admitir que las cosas pudieran ser tan distintas solo debido al ordenamiento espacial de incluso un solo átomo. ¡Demonios! Aún hoy, tras décadas de investigación y de reflexión, me cuesta aceptarlo.

Sin embargo, los hechos con los que el universo nos regala cada día están ahí para quien quiera verlos y aceptarlos y, en el caso de la Química al menos, no van a cambiar mañana. Las moléculas de las diferentes sustancias seguirán teniendo millones de años en el futuro las mismas propiedades que tenían millones de años en el pasado. Hay tiempo más que de sobra para detenernos a reflexionar sobre estos hechos y aceptarlos.

Tal vez el fenómeno que mejor ilustra lo que quiero decir es el que nos ofrece la molécula de glucosa, sin duda el hidrato de carbono más popular. La glucosa unida a la fructosa forma la sacarosa, más conocida como azúcar de mesa. La glucosa puede unirse también con más moléculas de sí misma para formar largas cadenas de cientos o miles de unidades. Estas uniones pueden ser de dos formas en el espacio, llamémoslas A y B. Y bien, si la glucosa se une para formar cadenas de la forma A, tenemos el almidón, un carbohidrato digerible, aunque insípido, y abundante en las plantas como una forma de almacenar energía. Los cereales, los tubérculos y otros alimentos son ricos en almidón.

Sin embargo, si la glucosa se une de la forma B, las cadenas generan una sustancia muy diferente: la celulosa. Fibras de esta sustancia sirven no como forma de almacenar energía, en general, sino como un elemento estructural de las células de las plantas que les proporciona resistencia. Muchas fibras textiles naturales contienen un elevado porcentaje de celulosa. El algodón contiene un 90% de esta sustancia, el cáñamo, un 57% y la madera de un 40% a un 50%. La celulosa es indigerible para los animales y los que pueden aprovecharla como alimento, como los rumiantes, lo hacen gracias a las bacterias de sus intestinos que son las que realmente la digieren. En el caso humano, la celulosa solo sirve como fibra vegetal para ayudar a la defecación.

La celulosa es el polímero más abundante del planeta, pero resulta que el segundo polímero más abundante del globo es, de hecho, un derivado químico de la celulosa: la quitina. La quitina está formada por la unión de miles de glucosas que, además, llevan unido un átomo de nitrógeno y un grupo de átomos similar al ácido acético. Solo estos pocos átomos más hacen de la quitina una sustancia completamente diferente de la celulosa. Sola, o combinada con otras sustancias, la quitina forma parte del esqueleto externo de crustáceos marinos y también de insectos y arácnidos. Piense en ello cuando esté pelando una gamba a la plancha. Por cierto, el pico de pulpos, sepias y calamares también está formado por quitina.

BIOPELÍCULAS

Espero que hasta aquí les haya ido gustando la película. Hablando de películas, probablemente los primeros organismos que generaron celulosa no fueron las plantas, sino las bacterias. Sí, estos pequeños seres vivos fabrican celulosa y la secretan al exterior con lo que forman lo que se llama una biopelícula, o un biofilm. Podríamos considerar a esos bioflims como un papel de celulosa finísimo al que numerosas bacterias se adhieren formando comunidades de bacterias que se protegen unas a otras. Los biofilms son más difíciles de erradicar que las bacterias aisladas.

Los análisis iniciales de la celulosa producida por las bacterias indicaron que era muy similar a la celulosa generada por las plantas. Sin embargo, recientemente, utilizando nuevas técnicas de purificación de la celulosa bacteriana, investigadores de varias universidades europeas y estadounidenses han descubierto que al igual que los insectos y las gambas, las bacterias producen también una celulosa químicamente modificada que es diferente de la quitina. Esta celulosa lleva unido, además de un átomo de nitrógeno, un conjunto de átomos similar al del etanol, en lugar del ácido acético de la quitina.

Como es de esperar, esta modificación química de la celulosa, hasta ahora insospechada, le proporciona propiedades diferentes. Una de ellas es una mayor flexibilidad y menor rigidez, pero también una mayor sensibilidad a ciertos detergentes. Estos detergentes no se habían ni estudiado como tratamientos para eliminar biofilms bacterianos porque se sabía que no podían atacar a la celulosa normal. Sin embargo, tal vez sí puedan afectar a esta nueva celulosa bacteriana. Habrá que esperar y ver.

Los investigadores descubren igualmente el mecanismo enzimático de fabricación de esta nueva celulosa por las bacterias. La inhibición de uno de estos enzimas con algún fármaco aún por diseñar podría impedir la fabricación de esta celulosa y, con ello, la formación de biofilms, lo que probablemente aumentaría la sensibilidad de las bacterias a antibióticos u otros bactericidas.

Finalmente, el estudio de las propiedades de esta nueva celulosa revela que esta podría ser muy útil para generar con ella nuevos materiales, algunos de los cuales podrían tener una aplicación biomédica, como, por ejemplo, apósitos, sustitución o reparación de vasos sanguíneos o reparación de huesos y cartílagos.

Como decía, el mundo está ahí para quien quiera mirarlo. Y a veces, como en este caso, una segunda mirada puede permitir realizar descubrimientos insospechados que podrían ser de gran utilidad.

Referencia: Wiriya Thongsomboon et al. Phosphoethanolamine cellulose: A naturally produced chemically modified cellulose. Science • VOL 359, ISSUE 6373.

11 de marzo de 2018

LLAVE MOLECULAR PARA CERRAR EL DOLOR

El empleo de opiáceos como analgésicos genera importantes efectos secundarios

LOS ANALGÉSICOS Y la capacidad de anestesiar total o parcialmente han sido avances impresionantes, sin los cuales hubiera sido prácticamente imposible el desarrollo de la cirugía como herramienta terapéutica. Sin embargo, todavía no conocemos todo sobre los circuitos neuronales que generan y transmiten la sensación de dolor, ni tampoco disponemos de fármacos analgésicos tan precisos que solo bloqueen los mecanismos moleculares implicados en la generación de dolor y no causen desagradables efectos secundarios.

Entre los analgésicos más potentes se encuentran los opiáceos, clase a la que pertenece la conocida morfina, la cual es considerada como la primera sustancia con propiedades farmacológicas extraída de una planta, allá por el año 1805. El nombre de morfina se inspira en el de Morfeo, dios griego del sueño, puesto que uno de los efectos secundarios de esta sustancia es la somnolencia. Se producen más de 500 toneladas de morfina al año, de las que alrededor de 50 son utilizadas directamente como analgésico y el resto son mayoritariamente empleadas para fabricar otros derivados opiáceos, asimismo con propiedades analgésicas.

El empleo de opiáceos como analgésicos genera importantes efectos secundarios, que incluyen nausea, hipoventilación (disminución de la respiración), estreñimiento y euforia. Su uso continuado también conduce a su tolerancia, lo que obliga a aumentar progresivamente la dosis para mantener sus efectos, y desemboca en el grave problema de la adicción.

La investigación en biomedicina ha desvelado que los opiáceos son moléculas relativamente sencillas que se unen y actúan sobre otras moléculas capaces de detectarlas, presentes en la superficie de varios tipos de células, entre ellas las células nerviosas. Estas moléculas detectoras se denominan receptores de los opiáceos. La ciencia ha revelado también que estos receptores tienen como misión detectar, unirse y generar una reacción celular frente a los opiáceos naturales, es decir, los fabricados por el propio organismo. En efecto, nuestro organismo fabrica opiáceos endógenos, que suelen ser pequeñas proteínas, como las llamadas endorfinas, las cuales ejercen múltiples funciones reguladoras del sistema nervioso.

Todas estas acciones dependen de la unión de un opiáceo concreto a uno o varios receptores, los cuales son activados por esta unión y desencadenan una serie de mecanismos bioquímicos en el interior celular que conducen a la activación o inactivación de ciertos genes. Al cambiar de este modo los genes que tiene en marcha, la célula cambia su comportamiento de manera acorde con ello.

CERRAJEROS MOLECULARES

El mayor problema para controlar la actividad farmacológica de los opiáceos sintéticos o purificados de plantas es que estos se unen generalmente a más de un receptor. No es de extrañar cuando se sabe que existen diecisiete receptores de opiáceos, aunque los principales son solo tres, llamados con las letras griegas delta, kappa y mu. La unión de un opiáceo particular a un receptor concreto es lo que genera el efecto primario buscado, en general, disminuir el dolor, pero la unión a otros receptores genera también diferentes efectos secundarios. Así, podemos emplear aquí de nuevo la vieja analogía molecular de que los opiáceos actúan como llaves maestras que abren varias cerraduras, papel que, en este caso, corresponde a los receptores de opiáceos.

Sería, por consiguiente, importante poder disponer de opiáceos más precisos, específicos para solo uno de los receptores, ese sobre el que sea más adecuado actuar para conseguir el efecto analgésico buscado. Puesto que, al parecer, la Naturaleza no ha generado este tipo de opiáceos tan precisos, se hace necesario desarrollar por síntesis química nuevas moléculas opiáceas que solo se unan a un receptor, es decir, que actúen no como llaves maestras, sino como llaves que solo abren una cerradura. Para conseguirlo, es preciso conocer la estructura tridimensional de la cerradura para que gracias a este conocimiento podamos diseñar una llave que encaje en ella de la forma más precisa posible.

Para intentar conseguir este objetivo, investigadores de la Universidad de Carolina del Norte han desarrollado una nueva estrategia que permite determinar la estructura tridimensional de proteínas receptoras que, por su escasez en la célula, y por su conversión en diferentes estados plegados en el espacio, como el activo y el inactivo, antes era muy difícil o imposible conseguir. Esta estrategia conlleva la purificación del receptor, su concentración paulatina y suave en una solución, y su inmovilización en el estado activado mediante el empleo de un anticuerpo contra él. Gracias a esta estrategia, han determinado la estructura tridimensional del receptor de opiáceos kappa en su forma activada.

Investigaciones anteriores indicaban que este receptor era el mejor candidato para desarrollar analgésicos con menores efectos secundarios. Pues bien, el conocimiento de su estructura en forma activa (es decir, cuando la llave está introducida dentro de la cerradura) ha permitido ahora conocer cómo debe ser la estructura de una llave que encaje mejor en esa cerradura que las llaves de las que disponíamos hasta ahora. Con este conocimiento, los científicos han conseguido sintetizar una nueva molécula opiácea y han comprobado que esta encaja perfectamente en el receptor kappa, pero no en los otros dos receptores opiáceos principales.

Hasta el momento, estos trabajos han sido realizados con células cultivadas en el laboratorio. El siguiente paso será evaluar los efectos analgésicos de esta sustancia en animales. De tener éxito, la molécula deberá ser estudiada en ensayos clínicos con pacientes. Es, como siempre, un largo y costoso recorrido el necesario para desarrollar un nuevo fármaco eficaz. Esperemos, no obstante, que esta, y otras investigaciones que pueden derivarse de ella, nos conduzcan a un mundo menos doloroso, aunque solo sea en el aspecto meramente físico del término.

Referencia: Che et al., Structure of the Nanobody-Stabilized Active State of the Kappa Opioid Receptor, Cell (2018), https://doi.org/10.1016/j.cell.2017.12.011

18 de marzo de 2018

LA VERDADERA AMISTAD DEL ADIPOCITO

El amigo verdadero ha de ser como la sangre, ha de acudir a la herida sin tener que ir a buscarle

Los seres humanos normales suelen haber elegido colores favoritos, platos favoritos, perfumes favoritos o incluso videojuegos favoritos. En contraste con estos mundanos favoritismos, los científicos podemos tener otras inclinaciones mucho menos frecuentes entre la población general. Algunos pueden haber elegido moléculas favoritas, fuerzas elementales favoritas, teoremas favoritos, y también, como es mi caso, células favoritas. Mi célula favorita no es una neurona, ni siquiera un linfocito, como tal vez algunos de mis sufridos estudiantes de Inmunología puedan suponer. No. Mi célula favorita es el adipocito, esa célula aparentemente anodina y llena de grasa cuyo exceso tanto preocupa a una parte siempre creciente de la Humanidad.

La razón por la que el adipocito es mi célula favorita reside en que mis colegas y yo llevamos investigando sobre ella desde hace algunos años, aunque el hambre que se está haciendo pasar a la ciencia española, y no digamos a la castellanomanchega, amenaza con aplicarnos una cura de adelgazamiento definitiva para nuestra investigación. En todo caso, mis preferencias adipocíticas explican que hoy hable de estas células tan apasionantes, en particular porque se ha producido un sorprendente descubrimiento sobre su comportamiento que incrementa la importancia de estas para nuestra buena salud.

Y es que los adipocitos no se limitan almacenar grasa y a movilizarla cuando es necesario suministrarla a otras células del organismo para que generen energía metabólica con ella. Los adipocitos ejercen importantes funciones que afectan al buen equilibrio de nuestro organismo. Para empezar, son ellos los que detectan el estado nutricional del cuerpo y dan órdenes al cerebro para que este inicie o detenga el comportamiento de búsqueda e ingesta de alimentos. En el contexto de la piel, son los precursores de los adipocitos los que luego posibilitan el desarrollo de los folículos pilosos y, por consiguiente, el desarrollo del pelo. El bello oficio de la peluquería no existiría sin los adipocitos, quién lo hubiera sospechado. Los adipocitos de la piel también participan en la lucha que el sistema inmune contrapone a los microrganismos, ya que producen sustancias antimicrobianas que ayudan a su eliminación. Finalmente, los adipocitos también pueden participar en la progresión o no de ciertos tipos de cáncer.

El descubrimiento que se ha publicado recientemente sobre los adipocitos nada tiene que ver con estas funciones y, además, se ha producido de una forma inesperada, al estudiar el comportamiento de otras células en las larvas en desarrollo de la mosca de laboratorio, la famosa *Drosophila melanogaster*. Investigadores de la Universidad de Bristol, en el Reino Unido, estaban interesados en analizar los movimientos de ciertas células de la larva de la mosca en desarrollo, llamadas hemocitos. Estas células forman parte del sistema inmune primitivo de la mosca y acuden a las heridas si se produce una para ayudar a su cicatrización. Los investigadores se propusieron analizar el comportamiento de estas células en larvas de moscas a las que habían causado pequeñas heridas superficiales.

MOVIMIENTOS INSOSPECHADOS

Los científicos realizaron grabaciones en video de los movimientos de estas células utilizando un microscopio. Mientras realizaban estas grabaciones, observaron que, de vez en cuando, grandes células atravesaban el campo de visión. Los científicos desconocían qué clase de células eran, pero investigaciones subsiguientes demostraron que se trataba de las llamadas células de cuerpo graso, las cuales son equivalentes en los insectos a los adipocitos en los vertebrados. Era una sorpresa mayúscula porque hasta ese momento se había supuesto que los adipocitos eran células incapaces de moverse por el cuerpo.

Mosqueados, los científicos abandonaron la investigación de los aburridos hemocitos y se dedicaron a estudiar a las células de cuerpo graso. Descubrieron así que estas células acuden rápidamente a las heridas cuando se produce una. La manera en la que acuden parece ser gracias a una nueva e inusual forma de locomoción celular muy recientemente descrita por otros investigadores. Las células de cuerpo graso desarrollan movimientos peristálticos que las impulsan a través de los líquidos corporales en las que están inmersas. Ya ve, no solo los adipocitos, al menos los de la mosca, se mueven de forma insospechada, sino que encima lo hacen con clase.

Una vez en la herida, las células de cuerpo graso desempeñan importantísimas funciones que ayudan a su cicatrización. En primer lugar, ayudan a cerrar la abertura formada en la barrera epitelial. Además, apartan los restos de células muertas hacia la periferia de la herida, ayudando así a las células del sistema inmune a eliminarlos. Por último, generan sustancias antimicrobianas que atacan a los microrganismos e impiden que estos puedan causar una grave infección.

Por el momento, se desconoce si los adipocitos de los vertebrados y mamíferos pueden también moverse y acudir a las heridas. Estos estudios, sin duda, van a incentivar la investigación sobre este aspecto, y tal vez conduzcan a mejorar el proceso de cicatrización en aquellos casos en los que puede resultar crítico que este se produzca correcta y rápidamente.

Una conocida Jota aragonesa reza: "El amigo verdadero, ha de ser como la sangre, ha de acudir a la herida sin tener que ir a buscarle". Parece ser que los adipocitos, al menos los de los insectos, son unos de esos pocos amigos verdaderos que aún quedan en el mundo. Una razón más para que estas fascinantes células sigan siendo mis células favoritas, ahora más que nunca.

Referencia: Franz et al., Fat Body Cells Are Motile and Actively Migrate to Wounds to Drive Repair and Prevent Infection, Developmental Cell (2018), https://doi.org/10.1016/j.devcel.2018.01.026

25 de marzo de 2018

NEURONAS E INFECCIONES PULMONARES

*Esta extirpación selectiva de neuronas concretas no se realiza con bisturí,
sino mediante métodos de manipulación genética*

NOS ENCONTRAMOS EN un mundo intensamente afectado por la acción humana y que parece estar reaccionando a ella. No solo el calentamiento climático es el resultado de dicha acción; la resistencia microbiana global a los antibióticos es otra dificultad que está causando muchas muertes y mucha infelicidad que podrían ser evitadas.

Por esta última razón, se ha intensificado la investigación para intentar descubrir o generar nuevos antibióticos, la cual está obteniendo algunos resultados. No obstante, otra avenida de investigación importante es comprender mejor cómo el sistema inmune hace frente a las infecciones más mortíferas para intentar potenciarlo en su función defensiva y ayudarlo a superar la enfermedad.

Una enfermedad que está cobrándose vidas de niños y de ancianos, sobre todo, es la neumonía causada por *Staphylococcus aureus,* una bacteria que ha adquirido genes de resistencia a varios antibióticos y que resulta cada vez más difícil de erradicar. Esta bacteria encuentra presas fáciles en niños malnutridos o en hospitales o residencias de ancianos, donde se agrupan personas que no suelen encontrarse, ni de lejos, en su mejor momento de salud, con lo que un contagio es muy probable.

El pulmón, sin embargo, es un órgano que posee sus propios medios de defensa y no depende exclusivamente de la actividad del sistema inmune. La tráquea, bronquios y vías respiratorias cuentan con conexiones nerviosas sensoriales que contienen las llamadas neuronas nociceptoras. Estas células son detectoras de nocividad, es decir, de cualquier daño que el pulmón pueda recibir, tal como daño mecánico, alta o baja temperatura, o irritantes químicos o ambientales. Cuando estas neuronas detectan un daño, se activan y envían la información al cerebro, que responde con la generación de dolor, de tos y de constricción de los bronquios, en un intento de expulsar al agente pernicioso.

Estudios recientes han mostrado que las neuronas nociceptoras desempeñan un papel importante en la patología del asma, una enfermedad alérgica generada por la respuesta inmunológica a alguna sustancia inocua, como el polen de las plantas. Estas neuronas interaccionan con las células inmunes del pulmón y estimulan respuestas alérgicas y la constricción de los bronquios.

Estos datos indicaban, por tanto, que las neuronas nociceptoras eran capaces de modular la respuesta inmune, pero nunca se había estudiado si esta modulación también sucedía en el caso de la defensa frente a la infección pulmonar. Investigadores de la Universidad de Harvard estudian ahora este asunto en ratones de laboratorio, a los que generan infecciones en el pulmón con *Staphylococcus aureus*.

CIRUGÍA MOLECULAR

Para averiguar la función que las neuronas nociceptoras pueden desempeñar en la lucha frente a una infección, una estrategia sensata es eliminarlas y estudiar qué sucede en su ausencia. Esta extirpación selectiva de neuronas concretas no se realiza con bisturí, sino mediante métodos de manipulación genética. Para ello, los investigadores generan unos ratones transgénicos e introducen en su genoma un gen que produce una proteína receptora para la toxina de la difteria. El gen que se introduce en los ratones está diseñado de tal manera que no va a funcionar en ninguna célula del cuerpo, excepto exclusivamente en las neuronas nociceptoras. Solo estas, por consiguiente, presentarán en su superficie una proteína receptora de la toxina de la difteria y podrán ser muertas por ella. De este modo, en presencia de una pequeña dosis inofensiva de esta toxina, las neuronas nociceptoras, no obstante, la captarán con intensidad, lo que permitirá que la toxina actúe y mate a las células. De este modo se consiguen ratones sin neuronas nociceptoras, lo que permite comparar su respuesta inmune con la de ratones a los que no se les ha eliminado estas neuronas.

Los investigadores esperaban que la presencia y actividad de las neuronas nociceptoras potenciaría la acción del sistema inmune, pero, sorprendentemente, encuentran que la presencia y activación de estas neuronas resulta en el efecto opuesto. La actividad del sistema inmune se ve disminuida cuando estas neuronas están presentes y se activan por el daño causado por la infección, pero se ve potenciada cuando estas neuronas han sido eliminadas y, obviamente, no pueden activarse.

Los investigadores observan que la eliminación de las neuronas nociceptoras incrementa la capacidad del pulmón para atraer a las células fagocíticas (*comedoras* de bacterias) del sistema inmune, cuya acción es fundamental para luchar contra las bacterias. Estas, además, actúan con mayor eficacia de la normal cuando las neuronas nociceptoras han sido eliminadas. Los ratones sin neuronas nociceptoras sufrieron de menor fiebre, y mostraron contener diez veces menos bacterias en el pulmón doce horas tras la infección inicial. Este incremento de la actividad inmune se tradujo en una mayor supervivencia de los ratones cuyas neuronas nociceptoras habían sido eliminadas. Diecisiete de dieciocho de estos ratones sobrevivieron, pero solo cuatro lo hicieron en el caso de los ratones a los que no se había eliminado las neuronas nociceptoras mediante el tratamiento con toxina de la difteria.

¿Qué importancia tienen estos estudios para el caso humano, en el que no podemos eliminar las neuronas nociceptoras? Los científicos descubren también que estas neuronas suprimen la actividad inmune mediante la liberación de una pequeña molécula proteica, un péptido llamado CGRP. Si se evita la actividad de este péptido, la acción del sistema inmune es potenciada de manera similar a la que se consigue eliminando las neuronas nociceptoras. Por consiguiente, estos estudios abren la puerta al desarrollo de fármacos que impidan la acción del péptido CGRP y potencien la acción del sistema inmune en la lucha contra bacterias resistentes a los antibióticos. Y es que el intelecto humano y la ciencia son hoy los peores enemigos de los microrganismos.

Referencia: Pankaj Baral et al. (2008). Nociceptor sensory neurons suppress neutrophil and gamma delta T cell responses in bacterial lung infections and lethal pneumonia. Nature Medicine, 5 March 2018; doi:10.1038/nm.4501.

1 de abril de 2018

La enfermedad está ahí fuera

Se trata aquí del trágico caso de ese vecino que llevaba una vida sanísima, pero que murió de un infarto repentino

La Medicina moderna no solo persigue el objetivo de tratar mejor las enfermedades para curarlas o, al menos, para disminuir el malestar y sufrimiento que causan, sino que también intenta mejorar los métodos de diagnóstico y determinar sus causas con precisión. Es probable que conozcamos a algún familiar o amigo con algún problema médico para el que no se ha encontrado aún un diagnóstico preciso. Es también posible que conozcamos a alguien que, aunque esté diagnosticado con algún trastorno, este sea por el momento de causa desconocida. A este tipo de enfermedades se las conoce con el nombre genérico de enfermedades idiopáticas. Evidentemente, aunque puedan no ser graves, estas enfermedades generan un considerable malestar en el ámbito de lo personal y familiar.

Además de las enfermedades sin causa conocida, otra categoría la constituyen las enfermedades a las que se atribuye una causa errónea. Por ejemplo, un infarto de miocardio o un derrame cerebral pueden ser atribuidos con exclusividad a una mala alimentación o a un estilo de vida sedentario. Sin embargo, es también posible que este tipo de problemas surjan por causas genéticas aún desconocidas, sobre las cuales pueden contribuir causas no genéticas, como el estilo de vida, pero que por ellas solas no hubieran causado enfermedad alguna. Se trata aquí del trágico caso de ese vecino que llevaba una vida sanísima, pero que murió de un infarto repentino a una temprana edad o, al contrario, del típico caso de ese antiguo conocido o familiar que fumó y bebió toda la vida, jamás hizo ejercicio físico, pero murió con más de noventa años.

Ante este panorama, sería muy conveniente analizar si aquellas personas con problemas de salud cuya causa es desconocida no poseen raras mutaciones en sus genomas que podrían apuntar a una causa genética para su condición. En algunos casos, la identificación de esta causa potencial podría conducir a un tratamiento que, cuando menos, podría paliar los síntomas y mejorar la calidad de vida de los pacientes.

MUTACIONES OCULTAS

Para intentar averiguar si mutaciones genéticas desconocidas podrían ser las causantes de algunos problemas de salud sin diagnóstico claro, o de enfermedades sin causa conocida, un grupo de veintisiete médicos y científicos de la Universidad de Vanderbilt, localizada en Nashville, Tennessee, EE. UU., decide analizar varias bases de datos médicos en busca de pacientes con síntomas que tal vez pudieran ser debidos a una enfermedad genética. Los investigadores analizan los síntomas de 21.701 pacientes, a los cuales clasifican de acuerdo con el grado de concordancia con el que sus síntomas se adecúan a los síntomas conocidos asociados a nada menos que 1.204 enfermedades genéticas. A cada paciente se le atribuyó así una puntuación de riesgo de sufrir una u otra enfermedad genética de acuerdo con sus síntomas.

A continuación, teniendo en cuenta las puntuaciones recibidas, los datos genómicos de cada paciente fueron examinados en busca de mutaciones génicas que pudieran explicar y causar los síntomas. Los investigadores encuentran dieciocho asociaciones entre mutaciones génicas y las puntuaciones de riesgo atribuidas a los pacientes. Cuatro de estas asociaciones genéticas concordaban con causas conocidas de enfermedades, pero el resto suponen mutaciones aún no conocidas en diversos genes que acaban por causar una enfermedad genética.

Es notable que, según los datos desvelados por este análisis, solo ocho de los 807 pacientes que poseían alguna variante génica que podría causar enfermedad fueron diagnosticados correctamente. Esto fue así a pesar de que la mayoría de esos pacientes mostraban síntomas que concordaban en alto grado con los de la enfermedad genética, aunque el gen al que se atribuía su causa hasta que este estudio se ha realizado carecía de mutación alguna que pudiera explicarlos. Además, en la mayoría de los casos, de haber sido la enfermedad bien diagnosticada, un tratamiento hubiera estado ya disponible para mitigar sus síntomas y mejorar el estado de salud.

Desde el punto de vista puramente científico, los datos desvelados por este estudio hacen tambalear el concepto clásico de enfermedades genéticas dominantes y enfermedades recesivas. Recordemos que las enfermedades dominantes son las que se manifiestan con que tan solo una de las dos copias de los genes heredados de nuestros progenitores esté mutada. Las enfermedades recesivas, sin embargo, necesitan mutaciones que inutilicen las dos copias heredadas. Pues bien, los investigadores desvelan que, en muchos casos de enfermedades genéticas consideradas recesivas, la mutación en solo una de las copias es suficiente para desencadenar síntomas apreciables de enfermedad que, no obstante, puede quedar sin diagnosticar correctamente y, por consiguiente, sin ser adecuadamente tratada. De este modo, los investigadores mantienen que las enfermedades genéticas no pueden clasificarse solo como dominantes o recesivas, y deben considerarse como situadas en un espectro continuo, ya que, de acuerdo con otros factores ambientales o genéticos, una enfermedad considerada como recesiva pudiera manifestarse de todas formas como al menos parcialmente dominante y generar algunos de los síntomas de la enfermedad.

Estos interesantes estudios nos desvelan los beneficios de la acumulación y análisis de datos médicos mediante métodos solo posibilitados por las nuevas tecnologías de la información, y también por las tecnologías de obtención de secuencias genómicas. Aunque veintisiete investigadores parecen muchos para un estudio, hay que tener en cuenta que hace solo unas décadas este avance hubiera sido imposible, incluso si todos los científicos del planeta se hubieran unido para intentar conseguirlo. Es una medida más del progreso que la Humanidad ha conseguido y también una medida de la velocidad a la que lo ha hecho.

Referencia: L. Bastarache et al. (2018). Phenotype risk scores identify patients with unrecognized Mendelian disease patterns. Science 16 MARCH 2018 • VOL 359 ISSUE 6381, pp 1233.

8 de abril de 2018

SEXO Y SEGUNDAS LENGUAS

De acuerdo con la teoría del lingüista Noam Chomsky, el cerebro humano cuenta con un mecanismo universal e innato de adquisición del lenguaje

EL LENGUAJE ES una de las capacidades humanas más estudiada, y ha sido foco de atención de múltiples disciplinas humanísticas y científicas. La capacidad de hablar correctamente el lenguaje materno, y ahora también una segunda lengua, que suele ser el inglés, es fundamental no ya para el éxito en la vida, sino, diría yo, para la mera supervivencia en el competitivo mundo del que nos hemos tan inteligentemente dotado.

De acuerdo con la teoría del lingüista Noam Chomsky, el cerebro humano posee un mecanismo universal e innato de adquisición del lenguaje que funciona en plenitud durante los primeros años de la vida. Esta teoría cuenta con numerosas evidencias a su favor. Sin embargo, el mecanismo de aprendizaje del lenguaje no parece situarse en un área concreta del cerebro, sino que involucra múltiples áreas. Los estudios han indicado también que la eficacia de este mecanismo de aprendizaje de la lengua materna no se ve afectada por diferentes tendencias de la personalidad, como pueden ser la inteligencia general, la motivación y constancia, el sentimiento de vergüenza, o características como la introversión o la extroversión. El único factor que parece influir en la capacidad de aprendizaje del lenguaje materno es el sexo, siendo las niñas las que lo aprenden con mayor facilidad.

La historia es muy diferente cuando se trata de aprender una segunda lengua. En este caso, las características personales anteriormente mencionadas adquieren una importancia a veces determinante en el éxito de esta difícil tarea. Además, en ese caso, de nuevo, el sexo del estudiante es un factor relevante, y las mujeres suelen superar a los hombres en la capacidad de aprender y dominar una lengua adicional.

EL SEXO DEL LENGUAJE

Considerando que es el cerebro el órgano implicado en este aprendizaje, y considerando que las diferencias en la capacidad de aprender deben depender de diferencias en el funcionamiento de este órgano y en cómo se procesa, se memoriza y se estructura la información en los cerebros masculinos y femeninos, investigadores en neurociencias de la universidad de Tokio decidieron estudiar el funcionamiento de los cerebros de adolescentes japoneses que estudiaban inglés como segunda lengua. Los científicos eligieron a adolescentes como sujetos de estudio puesto que la adolescencia es una fase de la vida en la que las diferencias sexuales se hacen más aparentes y, por consiguiente, podría ser la etapa del aprendizaje de una segunda lengua donde más claras pudieran resultar también las diferencias en el funcionamiento cerebral entre hombres y mujeres.

Los investigadores emplean dos técnicas complementarias para analizar este funcionamiento. Una de ellas, llamada espectroscopia funcional en el infrarrojo cercano, analiza las regiones cerebrales que se ponen en funcionamiento al realizar una tarea mental. Esta técnica proporciona información espacial, es decir, permite conocer la localización en el cerebro de las áreas involucradas. La segunda técnica es la más conocida electroencefalografía, que detecta los cambios de potencial eléctrico asociados a la actividad neuronal. Esta técnica proporciona sobre todo información temporal, es decir, permite analizar la rapidez con la que suceden los cambios de actividad neuronal.

Los participantes fueron sometidos a varias tareas que determinaban su capacidad lingüística en inglés, tal como identificar frases correctas o incorrectas en esta lengua. Igualmente, se evaluó su memoria de trabajo, es decir, la capacidad de recordar por un tiempo información relevante para realizar una tarea lingüística, como, por ejemplo, cuántas palabras al final de varias frases en inglés eran capaces de recordar. Mientras realizaban estas tareas, el funcionamiento cerebral era analizado mediante las dos técnicas explicadas arriba.

Los resultados de estos estudios proporcionaron datos sorprendentes, que poco o nada apoyan la igualdad de capacidades entre los sexos, al menos en la tarea de aprender una segunda lengua. Fueron las mujeres las que más memoria de trabajo mostraron y también las que obtuvieron mejores resultados en las pruebas de capacidad lingüística. Las mujeres mostraron que cuanta mayor era su capacidad de memoria de trabajo, mejor era su capacidad para aprender una segunda lengua. Sin embargo, los hombres no mostraron esta asociación y la memoria de trabajo parecía ser mucho menos importante para ellos a la hora de aprender un segundo lenguaje.

Las regiones cerebrales activadas en las tareas lingüísticas fueron también muy diferentes entre hombres y mujeres. Presentados ante sentencias correctas en inglés de dificultad progresiva (*My father cleaned the room*), cuanto mayor era su capacidad lingüística los hombres mostraron mayor actividad en una zona cerebral localizada en la parte frontal del cerebro, mientras que las mujeres mostraron una actividad creciente con su capacidad lingüística en una zona posterior de este órgano.

Cuando tenían que identificar frases incorrectas en inglés (*My room cleaned my father*), tanto hombres como mujeres mostraron actividad en una zona similar del cerebro, pero en los hombres esta actividad disminuía, mientras que en las mujeres la actividad aumentaba, de acuerdo con la capacidad de cada cual para identificar frases incorrectas. Los datos de electroencefalografía también fueron dispares, y los hombres mostraron una respuesta más fuerte y más rápida frente a sentencias incorrectas, es decir, mostraron mayor sensibilidad frente a la sintaxis que las mujeres.

Estos datos indican que hombres y mujeres son bastante diferentes en la manera que usan el cerebro para aprender el lenguaje, manera que es más eficiente en el sexo femenino. Obviamente, estas diferentes formas de usar el cerebro no son voluntarias, sino completamente inconscientes y, probablemente, de origen genético. Comprender estas diferencias puede permitir diseñar estrategias de aprendizaje de idiomas específicas para cada sexo, aunque esto pueda chocar frontalmente con la idea de igualdad que, sin mucho análisis científico, impera estos días. Y es que para conseguir la igualdad es paradójicamente necesario intervenir sobre las diferencias.

Referencia: Lisa Sugiura et al. Explicit Performance in Girls and Implicit Processing in Boys: A Simultaneous fNIRS–ERP Study on Second Language Syntactic Learning in Young Adolescents. Front. Hum. Neurosci., 08 March 2018 | https://doi.org/10.3389/fnhum.2018.00062

15 de abril de 2018

SÍNTESIS DE UNA QUÍMICA INTELIGENTE

La síntesis química puede ser asimilada a un juego de estrategia

DE TODAS LAS ciencias, quizá la Química es la que goza de peor fama. Ella es la culpable, no nosotros, bondadosos humanos, de la imparable contaminación del planeta. Si hay una ciencia asimilable al chivo expiatorio para los pecados del progreso, esa es la Química. Ella es a la que hay que sacrificar para purificar nuestras culpas.

Sin embargo, sin la Química, la vida tal y como la conocemos sería impensable. Estamos continuamente rodeados de Química por todas partes. Pensemos, si no, en la ropa que vestimos, en los materiales que revisten nuestras paredes y muebles, en la cosmética que empleamos para disimular nuestra edad y defectos... Sin la Química vestiríamos peor y nuestra belleza sería menor. Mala cosa. Y esto es solo un ejemplo. La Química es también fundamental para fabricar nuevos fármacos y medicamentos, por lo que nuestra salud, sin ella, se vería seriamente afectada.

Probablemente, el área de investigación más importante de la Química es la síntesis de nuevas moléculas que posean propiedades deseadas. Esta síntesis debe hacerse a partir de componentes simples y fácilmente obtenibles. La investigación científica ha ido desvelando las reglas que las moléculas siguen para reaccionar unas con otras y formar moléculas nuevas, pero idear una ruta de síntesis a partir de componentes sencillos hasta conseguir una molécula compleja particular no está al alcance de cualquiera. Requiere años de aprendizaje y, además, una buena dosis de intuición y creatividad.

La estrategia que se ha revelado más productiva en esta tarea es el análisis retro sintético. Este análisis parte de la estructura química de la molécula final que se pretende conseguir e intenta ir hacia atrás, es decir, identificar las reacciones químicas entre moléculas cada vez más simples que la podrían originar. Una vez identificada la última reacción, se intenta identificar la penúltima, la antepenúltima y así continuadamente hasta llegar a los componentes más sencillos que iniciarían la ruta de síntesis hasta la molécula deseada. Aún con esta estrategia, la creatividad e intuición de una mente humana bien entrenada en el conocimiento químico son absolutamente necesarias, y no siempre garantizan el éxito de la operación. Esto es así por diversas razones, entre las que podemos mencionar que las reglas de la Química tienen sus excepciones y no siempre funcionan de la forma esperada.

AUTOMATIZACIÓN DE LA INTELIGENCIA QUÍMICA

La necesidad de cualidades consideradas hasta hace poco exclusivamente humanas, como las mencionadas, sugería a muchos que los ordenadores, aunque podrían ayudar a los humanos, nunca podrían aprender la compleja disciplina de la síntesis química y sugerir por sí mismos estrategias de síntesis adecuadas. Esta razonable y aparentemente sensata postura no contaba, sin embargo, con los extraordinarios avances de la inteligencia artificial conseguidos en los últimos años. Uno de estos avances ha consistido en la combinación de métodos algorítmicos que consiguen que las máquinas aprendan solas estrategias ganadoras en juegos complejos, como el ajedrez, el póker o el Go. Hoy, los mejores jugadores de esos difíciles juegos ya no son humanos, sino máquinas.

La síntesis química puede ser asimilada a un juego de estrategia en el que, conociendo sus reglas, es necesario tomar decisiones a cada paso para conseguir el éxito final. Por consiguiente, algoritmos similares a los empleados en inteligencia artificial para jugar al ajedrez y al Go podrían ser empleados también para conseguir que los ordenadores aprendan a sintetizar moléculas complejas.

Esto es precisamente lo que ha conseguido un grupo de investigadores, mediante la combinación de la estrategia llamada árbol de búsqueda de Monte Carlo con tres redes neuronales capaces de aprender. La estrategia de Monte Carlo consiste en tomar al azar varias decisiones encaminadas a alcanzar un objetivo dado y comprobar más tarde cuál de ellas ha tenido mayor éxito. Es equivalente a jugar una misma partida de ajedrez muchas veces, tomando diferentes opciones en cada movimiento para finalmente conseguir los movimientos óptimos conducentes a la victoria. Las redes neuronales son capaces de aprender, de extraer las reglas de esos movimientos, y de implementarlos en partidas nuevas.

En el caso que nos ocupa, una misma partida correspondería a la síntesis de una molécula concreta y partidas nuevas corresponderían a la síntesis de otras moléculas diferentes. Evidentemente, lo aprendido con una o varias "partidas de síntesis química" puede luego aplicarse a "partidas nuevas".

Este sistema informático inteligente no parte de la nada, sino que los investigadores lo alimentan con el conocimiento químico conseguido hasta ahora. Para ello, extraen las reglas de transformación química de unas moléculas en otras a partir de 12,4 millones de reacciones químicas confirmadas, almacenadas en la base de datos Reaxys. Con estas reglas entrenan a las redes neuronales para que aprendan a utilizarlas de modo que sean capaces de predecir qué reglas utilizar para conseguir una nueva molécula. Este conocimiento es afinado más tarde por la propia máquina con la estrategia Monte Carlo, lo que consigue que esta aumente su conocimiento químico.

Los científicos prueban la eficacia de su sistema haciendo que la máquina diseñe estrategias de síntesis para nueve moléculas complejas y mostrando luego estas estrategias, junto con otras diseñadas por humanos, a 45 expertos en síntesis química. Ninguno de ellos consideró a las estrategias propuestas por la máquina inferiores en ningún caso a las humanas.

Este nuevo sistema de inteligencia artificial puede suponer una verdadera revolución en la capacidad para generar nuevas moléculas de interés, y ayudar a los centros de investigación y compañías farmacéuticas en el desarrollo de moléculas cada vez más complejas y eficaces. Como ha sucedido con el ajedrez, o el juego de Go, puede que a partir de ahora la inteligencia humana se vea superada con mucho por la inteligencia artificial, también en el muy interesante y útil juego de la síntesis química.

Referencia: Marwin H. S. Segler et al. (2018). Planning chemical syntheses with Deep neural networks and symbolic AI. Nature. http://www.nature.com/doifinder/10.1038/nature25978

22 de abril de 2018

UNA BRILLANTE AUSENCIA DE MATERIA OSCURA

Por el momento, nadie sabe aún de qué está formada esta materia

AUNQUE PAREZCA SORPRENDENTE en pleno siglo XXI, algunos siguen empeñados en refutar hechos absolutamente claros y para los que existe solida evidencia, como, por ejemplo, que la Tierra es una esfera que gira alrededor del Sol. Menos mal que los científicos siguen igualmente empeñados en esclarecer misterios para los que la ciencia no ha obtenido, no ya explicación, sino ni siquiera evidencia incontestable de que el misterio sea en realidad tal misterio.

Intentaré aclarar estas últimas y misteriosas palabras. Me refiero a un misterio universal: la existencia o no de la llamada materia oscura del universo. Desde principios del siglo pasado, diferentes observaciones y cálculos han concluido que algo raro sucede con el movimiento de las estrellas en el interior de las galaxias. Sus velocidades orbitales no son compatibles siquiera con la existencia de la mayoría estas, ya que la fuerza de la gravedad causada por la materia observable no es capaz de mantener agrupadas a las estrellas. Las galaxias deberían, por consiguiente, haberse disipado en el espacio.

Esto no ha sucedido. Por esta razón, se postuló la existencia de la llamada materia oscura. Por el momento, nadie sabe aún de qué está formada esta materia. De hecho, algunos científicos ni siquiera aceptan todavía que dicha materia exista y, en su lugar, postulan nuevas teorías de la gravedad que pretenden explicar la dinámica observada (velocidades de rotación, órbitas, etc.) de las estrellas que forman las galaxias, y explicar también que estas puedan existir a pesar de no contener la materia que deberían.

Las observaciones realizadas con diversos instrumentos astronómicos, así como simulaciones por ordenador de la evolución del universo, indican que, de existir, la materia oscura sería cinco veces más abundante que la materia ordinaria. La materia oscura estaría acompañada, además, por la llamada energía oscura, un tipo de energía, de naturaleza y origen también desconocidos, que contrarrestaría la fuerza gravitatoria y contribuiría a la expansión creciente del universo. Se calcula que solo un 4,9% de toda la materia-energía del universo (recordemos que materia y energía son entes intercambiables) está formada por materia ordinaria. Un 26,8% sería materia oscura, y el restante 68,3% sería energía oscura. Como vemos, mejor dicho, como no vemos, hay mucha más oscuridad que luz en la cosmología y astronomía modernas.

UNA GALAXIA SIN MATERIA OSCURA

Los físicos especializados en el estudio de las partículas elementales llevan tiempo ideando experimentos para intentar descubrir al menos una partícula elemental constituyente de la materia oscura. Por el momento, no han tenido éxito. Tengamos en cuenta que la materia oscura no estaría constituida por partículas elementales similares a las que constituyen la materia ordinaria, las cuales pueden interaccionar con la radiación electromagnética, por ejemplo, con la luz visible o la infrarroja. La materia oscura, por definición, estaría formada por partículas que no interaccionarían con esta radiación y solo lo harían con el resto de la materia mediante la gravedad u otras interacciones.

Así, la comunidad científica continúa enfrascada en un apasionante debate en el que se confrontan nuevas observaciones astronómicas, que indirectamente apoyan la existencia de la materia oscura, con los novedosos postulados de diversas teorías alternativas para la gravedad, las cuales también podrían explicar esas mismas observaciones. Afortunadamente, la astronomía no se paraliza por este tipo de dilemas. Otros estudios continúan porque, además de la materia oscura, hay más misterios que elucidar en nuestro universo. Uno de ellos es la formación de las llamadas galaxias ultra difusas, descubiertas en 1984. Estas galaxias son de un tamaño comparable al de la Vía Láctea, la galaxia en la que nos encontramos, pero poseen solo alrededor de un 1% de las estrellas de una galaxia clásica.

Obviamente, las galaxias ultra difusas deben formarse en zonas del universo en las que, por alguna razón, la materia ordinaria no es tan abundante como en las regiones donde se forman las galaxias clásicas. Sin embargo, debido a que la materia oscura, de existir, sería unas cinco veces más abundante que la materia ordinaria, debería estar también presente en las galaxias ultra difusas, aunque pudiera tal vez encontrarse también en menor abundancia de la normal.

Para intentar estimar si la materia oscura guarda la misma proporción con la materia clásica en las galaxias ultra difusas, investigadores de la Universidad de Yale analizan la dinámica de movimiento estelar de una de estas galaxias, llamada NGC1052-DF2, descubierta en 2015 y localizada a unos 65 millones de años-luz. Tras analizar el movimiento de las estrellas que constituyen esta galaxia, los científicos concluyen, con enorme sorpresa, que este puede ser completamente explicado mediante la gravedad generada por la materia clásica contenida en esa galaxia. Esta carecería pues de materia oscura o, si la posee, lo haría en una mucha menor proporción de la normal.

Estos hechos dejan sin explicación cómo y por qué una galaxia se ha podido formar sin el concurso de la materia oscura. Tampoco se sabe cómo esta, siendo supuestamente mucho mas abundante, ha sido excluida de una zona del espacio de la que no ha sido excluida la materia clásica que originó la galaxia. Sin embargo, paradójicamente, la existencia de esta galaxia carente de materia oscura confirma que el resto de las galaxias deben poseerla, es decir, confirma que esta, en efecto, existe, ya que es mucho más improbable aún que la gravedad actúe de formas diferentes en zonas concretas del universo y deje de hacerlo tan solo un poco más allá en términos astronómicos, lo que sería necesario para explicar la existencia de esta galaxia ultra difusa sin materia oscura.

Así pues, la ausencia de materia oscura en este caso concreto supone evidencia de su existencia para el resto de los casos observados. Los astrónomos siguen buscando nuevas galaxias ultra difusas para analizarlas y confirmar si algunas también carecen de materia oscura. Sin embargo, de todo debe haber en el mundo de las galaxias ultra difusas, porque algunas observaciones ya sugieren, al contrario, que ciertas de estas galaxias podrían estar formadas en su mayoría por materia oscura. Habrá que esperar, pero, poco a poco, la ciencia acabará siempre con la oscuridad.

Referencia: Pieter van Dokkum, et al. A galaxy lacking dark matter. Nature, volume 555, pages 629–632 (29 March 2018). doi:10.1038/nature25767

28 de abril de 2018

AMOR DE MADRE Y EL GENOMA

Los cuidados maternos se traducen en modificaciones químicas en el ADN

LA CIENCIA TODAVÍA no ha dejado clara la cuestión de en qué proporciones los genes heredados y el ambiente en el que los animales se desarrollan conforman a los individuos, influyen sobre lo que perciben, sobre cómo reaccionan y se adaptan a los cambios de su entorno. ¿Son los genes y el ambiente dos factores que influyen en los organismos de forma independiente o, al contrario, existe una relación entre ellos?

Investigaciones realizadas con animales de laboratorio indican con claridad que genes y entorno no son independientes. El funcionamiento de los genes es sensible al entorno en el que los organismos se desarrollan. El ambiente no modifica la información genética con facilidad, pero sí afecta a los niveles mayores o menores de funcionamiento de los genes. Dependiendo de la intensidad de este funcionamiento, las células pueden modificar sus capacidades. Recordemos que el funcionamiento de los genes resulta en la fabricación de unas u otras piezas moleculares que participan en algún sistema de la maquinaria celular, lo que permite a las células realizar mejor o peor sus funciones, o incluso realizar funciones nuevas que antes de que genes concretos funcionaran no podían realizar.

Asombrosamente, las condiciones del entorno que afectan al funcionamiento de los genes incluyen la cantidad y calidad de los cuidados maternos recibidos durante la infancia. Los cambios inducidos por el cuidado materno no son cosa de magia, ni de conexión espiritual entre madre e hijo. Son debidos, como todo lo que afecta a los genes, a causas moleculares. Gracias a los estudios realizados, hoy se sabe que los cuidados maternos se traducen en modificaciones químicas en el ADN, en particular en el ADN de algunas neuronas. Estas modificaciones químicas dificultan o facilitan el acceso a las enzimas que hacen funcionar a los genes, lo que modula el nivel de su funcionamiento.

Hace ya más de una década, algunos estudios demostraron que los cuidados maternos pueden afectar de esta forma al funcionamiento de genes relacionados con el estrés. Ratas que no recibían cuidados adecuados de sus madres en su infancia sufrían de mayores niveles de estrés y ansiedad en la edad adulta. Los efectos de los cuidados maternos sobre la personalidad, al menos sobre la personalidad de las ratas, adquirían de este modo una explicación lógica y un mecanismo de acción basado en la evidencia.

DESDÉN QUE TRANSPONE

Últimamente, nuevos datos indican que no solo el funcionamiento de los genes, sino también la información que contienen podría ser modificada por las experiencias vitales, sobre todo por las vividas en la infancia. Resulta que se ha descubierto que el cerebro es un mosaico genético. Lo que esto significa, simplemente, es que no todas las células de este órgano tienen el mismo genoma, sino que poseen ligeras variaciones en el mismo entre unas células y otras.

Estas variaciones son producidas por elementos genéticos "saltarines", llamados transposones. Los transposones, descubiertos por la científica Bárbara McClintock, premio Nobel en 1983, son fragmentos de ADN capaces de copiarse a sí mismos y de insertarse una vez copiados en otro lugar del genoma. Su capacidad de copia explica que los transposones constituyan una gran parte de los genomas de muchos organismos. Nuestro propio genoma está formado en un 44% por transposones, pero el del maíz, con el que McClintock realizó su descubrimiento, lo está en un 90%.

Una vez copiados, los transposones se insertan al azar en algún lugar del genoma. Esto supone que a medida que los transposones se reproducen y se insertan, cada célula acaba por poseer transposones en sitios aleatorios de sus genomas. Las inserciones aleatorias hacen que cada célula acabe por poseer un genoma modificado de manera única y se produce el mosaico genético del que hablábamos antes. Según donde se produzcan las inserciones, el funcionamiento de ciertos genes puede resultar afectado.

Puesto que ahora las nuevas tecnologías de biología molecular permiten analizar los genomas de las células una a una, investigadores del instituto Salk de la Jolla, California, exploran si los cuidados maternos podrían influir en la copia e inserción de transposones en células cerebrales individuales. Para ello, realizan experimentos con ratones de laboratorio recién nacidos a los que ponen bajo los cuidados de madres adoptivas muy amorosas con los pequeños o, al contrario, más bien desdeñosas con ellos.

Los resultados de estos estudios, publicados en la revista *Science*, demuestran que los ratones que reciben escasos cuidados maternos durante las dos primeras semanas de vida acumulan transposones de una clase particular, denominada L1, en la región cerebral llamada hipocampo. El hipocampo es muy importante para la consolidación de los recuerdos y la memoria espacial y es una de las primeras regiones cerebrales afectada por la enfermedad de Alzheimer.

Los investigadores descubren que la mayor acumulación de transposones en el hipocampo de los ratones que reciben menor cariño de sus madres depende igualmente de cambios químicos en el ADN, similares a los que afectan al funcionamiento de los genes. Así pues, un mecanismo de modificación química explica tanto los cambios en el funcionamiento de los genes como los cambios en el genoma de las neuronas, generados por los transposones, inducidos por la ausencia de amor materno.

Estos estudios sugieren que el amor maternal podría afectar físicamente al cerebro de hijos e hijas por procesos que, a pesar de estos estudios, aún no son completamente comprendidos, pero que involucran cambios químicos, hormonas del estrés, etc. Esto, en mi opinión, no solo no rebaja un ápice la importancia del amor de una madre, sino que aporta razones que explican por qué es tan necesario para el buen funcionamiento y la felicidad de toda la Humanidad. Feliz día de la madre.

Referencia: Tracy A. Bedrosian et al. Early life experience drives structural variation of neural genomes in mice. Science 359, 1395–1399 (2018). http://science.sciencemag.org/content/359/6382/1395

6 de mayo de 2018

PESTICIDAS VERDES DE ARN

Una estrategia que podría ser empleada para el control de organismos patógenos para las plantas sería su vacunación

EL EMPLEO DE pesticidas en la agricultura constituye, sin duda, un problema medioambiental de gran importancia. No obstante, el empleo de pesticidas e insecticidas es, por el momento, indispensable si pretendemos generar suficiente alimento para la población mundial. Incluso con el empleo de estas sustancias, las pérdidas económicas causadas por plagas u organismos patógenos de las plantas se estiman en unos 100.000 millones de dólares al año. Estas pérdidas son crecientes y podrían llegar a alcanzar hasta más de 500.000 millones de dólares en pérdidas anuales en un futuro no muy lejano.

El control de las plagas que afectan a las plantas cultivables requiere de la fumigación masiva de los campos con sustancias químicas que suponen una amenaza para la salud humana y de otros organismos beneficiosos, como pueden ser los insectos polinizadores. Ante esta situación, se hace necesario el desarrollo de nuevos métodos de control de plagas que se dirijan contra los organismos concretos que deseamos controlar, respeten a otros organismos no dañinos y, al mismo tiempo, supongan un mucho menor riesgo para la salud y el medio ambiente que los pesticidas actuales.

Una estrategia que podría ser empleada para el control de organismos patógenos para las plantas sería la vacunación, tal y como como hacemos nosotros y con los animales domésticos para defendernos de bacterias y virus. Un grave problema para hacer realidad esta idea es que las plantas carecen de un sistema inmune como el de los animales y la vacunación, tal y como la conocemos, no sería eficaz.

Sin embargo, que las plantas carezcan de un sistema inmune similar al nuestro no quiere decir que carezcan de sistema inmune por completo. Si esto fuera así, las plantas no podrían sobrevivir frente al constante ataque de los microrganismos. Es cierto que las plantas, a diferencia de los animales, carecen de células de las defensas que patrullan continuamente el organismo en busca de potenciales patógenos que pretendan invadirlas. No obstante, la investigación en biología molecular ha revelado que las plantas poseen un sistema inmune basado en mecanismos moleculares.

Un sistema molecular muy utilizado por las plantas para defenderse del ataque de algunos microorganismos es el formado por ácido ribonucleico (ARN) de doble hebra. Recordemos que el popular acido desoxirribonucleico (ADN) está formado siempre por dos hebras de "letras" complementarias, mientras que el ARN suele estar formado por una sola hebra de esas "letras". Sin embargo, las células pueden generar también ARN de doble hebra, el cual no participa en la transmisión y traducción de la información genética contenida en el ADN, como hace el ARN de una hebra, sino que cumple una función reguladora de cómo esta información es utilizada.

INTERFERENCIAS DEFENSIVAS

El ARN de doble hebra, cuando es generado, suele desencadenar el silenciamiento de la información genética. Si la secuencia de letras es complementaria a la de un fragmento de ADN o a la de un ARN de hebra simple, el ARN de doble hebra se convierte en el denominado ARN de interferencia o ARNi, el cual interfiere con la transmisión de la información desde el ADN a las proteínas.

En el caso de un intento de invasión de una planta por un virus, las células invadidas por este microrganismo pueden generar ARN de doble hebra que va a interferir con la transmisión de la información desde el genoma del virus a la producción de las proteínas que este necesita para reproducirse en el interior de la célula. Estos ARN de doble hebra constituyen, por tanto, un mecanismo molecular de defensa de las plantas frente al ataque de muchos virus.

El conocimiento anterior sugiere que, si tratamos a las plantas con ARNs de doble hebra producidos de manera artificial, tal vez estas moléculas pudieran ayudar a las plantas a generar con ellos ARNi y a defenderse de algunos virus, los cuales les causan graves enfermedades. En efecto, los estudios realizados hasta la fecha han demostrado que la fumigación de plantas con ARN de doble hebra dirigido contra el ADN de un virus concreto potencia la generación de ARNi, el cual protege a las plantas contra la infección de ese virus, aunque no protege contra otros tipos de virus.

El ARN de doble hebra fumigado que no acaba siendo incorporado por las plantas es, además, rápidamente degradado de forma natural en el medio ambiente y no plantea problemas a otros organismos. Así pues, esta nueva manera de evitar el contagio y la diseminación de plagas concretas parece mucho más amigable para el resto de organismos y el medio ambiente, e incluso tanto o más eficaz que los pesticidas que podemos llamar de "fuerza bruta", que afectan indiscriminadamente a muchos otros organismos, además del que se pretende combatir.

No obstante, un serio obstáculo para poder llevar a la práctica esta nueva estrategia de control de plagas era que se carecía de un sistema de producción a escala industrial de ARN de doble hebra. Este era producido con cierta facilidad en los laboratorios, pero siempre en pequeñas cantidades, absolutamente insuficientes incluso para tratar un pequeño huerto particular. Investigadores de las universidades de Estrasburgo y de Helsinki, apoyándose en estudios que han realizado durante más de una década, han solucionado ahora este problema y han desarrollado un sistema de producción de ARN de doble hebra capaz de generar grandes cantidades de estas moléculas. Junto con el conocimiento de la secuencia de ADN obtenido de numerosos virus que atacan a las plantas, este nuevo método puede desembocar en el inicio de una nueva era para el tratamiento de las plagas que afectan a las plantas de cultivo, una era que promete ser más respetuosa con el medio ambiente y con los organismos beneficiosos que lo habitan.

Referencia: Annette Niehl et al. (2018). Synthetic biology approach for plant protection using dsRNA. Plant Biotechnology Journal (2018), pp. 1–9. doi: 10.1111/pbi.12904.

13 de mayo de 2018

TRANSCRIPTÓMICA CÉLULA A CÉLULA

El abrumador avance de la tecnología permite atacar con nuevas estrategias y métodos problemas científicos cada vez más complejos

ME QUEDAN YA minúsculas dudas, si acaso me queda alguna, sobre el hecho de que la ciencia persigue el principal objetivo de terminar con la ciencia-ficción. Quiero decir con esto que tantas y tantas cosas que eran ciencia-ficción se han convertido hoy, simplemente, en ciencia. Aunque pueda parecer sorprendente, casi todos los días la ciencia convierte en realidad hazañas que hace solo unos años no eran ni siquiera imaginables por los científicos de primer nivel.

A lo largo de la vida, quienes pertenecen a mi generación hemos tenido el privilegio de ser testigos de avances impresionantes. Recuerdo cuando se anunció el ambicioso proyecto de obtener la secuencia de letras del genoma humano. Recuerdo cuando, unos diez años más tarde, se publicó esta información, que dejó asombrado al mundo de la ciencia. También recuerdo que solo unos años más tarde la tecnología había avanzado hasta el punto de permitir secuenciar varios genomas humanos en tan solo veintiséis horas. De diez años a veintiséis horas en menos tiempo que el que uno necesita para perder esos quilos de más que tanto molestan. Y el progreso progresa cada vez más rápido. Estimado Fonsi, lo siento: todo, menos despacito.

El abrumador avance de la tecnología permite atacar con nuevas estrategias y métodos problemas científicos cada vez más complejos, que no hace mucho parecían inabordables. Un de esos problemas es averiguar cómo a partir de una célula primordial se desarrollan células adultas de tipos diferentes que generan un organismo completo. Estas células adultas diferentes poseen el mismo genoma, es decir, la misma información genética, pero utilizan solo una parte de esta, precisamente la necesaria para conseguir que cada tipo celular desempeñe una función distinta que se coordina con las demás funciones celulares propias de los organismos complejos. En realidad, ninguna célula de un organismo, en ningún momento de su vida, utiliza al mismo tiempo toda la información contenida en su genoma. Esta información se revela de este modo como un repositorio de todas las "recetas" necesarias para generar células con funciones diferentes y para colocarlas en posiciones concretas de cada organismo.

Para determinar con exactitud cuántos tipos de células diferentes contiene un organismo y cómo se han ido derivando unas de otras a partir de la célula primordial que lo ha originado, el cigoto fecundado, sería necesario averiguar qué parte de la información genómica está utilizando cada célula individual de un organismo. Para ello, es necesario identificar qué genes tiene cada célula funcionando a cada momento, lo que solo puede hacerse con precisión obteniendo la secuencia de letras no de su genoma, sino de su transcriptoma.

El transcriptoma de una célula es la secuencia de "letras" de solo los genes que están siendo transcritos. Los genes transcritos son los genes que están siendo utilizados para obtener una copia de la información que contienen. Esta copia no se hace a otra molécula de ADN, sino a otro ácido nucleico denominado ARN mensajero. Por consiguiente, obtener el transcriptoma de una célula supone obtener la información de la secuencia de "letras" de todos los ARN mensajeros que están siendo producidos en una célula a partir de la información contenida en el genoma.

MILES DE TRANSCRIPTOMAS

Por supuesto, obtener la información de la secuencia de letras de los genes que una célula, una sola y pequeñísima célula, tiene funcionando parece una misión más imposible que esas a las que Tom Cruise nos tiene acostumbrados desde bien antes de que se secuenciara el primer genoma humano. Sin embargo, el avance de las tecnologías de manipulación y secuenciación de los ácidos nucleicos lo ha hecho posible. Utilizando estas tecnologías, dos grupos de investigación, uno alemán y el otro estadounidense e inglés, han abordado el estudio del transcriptoma de células individuales del organismo *Schmidtea mediterránea*. Es este un gusano plano (de la familia de las planarias) considerado inmortal, ya que contiene numerosas células madre, las cuales generan continuamente células hijas que repueblan y regeneran el organismo. Las planarias son muy utilizadas como organismo modelo de investigación en el laboratorio, debido a su legendaria capacidad de regenerarse por completo a partir de fragmentos pequeños de un organismo original. Esta capacidad de regeneración y de generación permanente de todas las células que componen el organismo adulto lo convierten en un excelente candidato para estudiar como las células hijas derivan de las células madre y qué genes utilizan para ello en cada momento.

Los investigadores anglosajones son capaces de obtener la secuencia de los genes que tienen funcionando más de 50.000 células individuales de estos organismos, lo que permite su identificación inequívoca. De este modo identifican células nuevas nunca detectadas antes.

Los investigadores alemanes van algo más allá y utilizan un algoritmo informático que permite analizar los genes que tienen un funcionamiento común en diferentes tipos celulares, lo que permite establecer una especie de genealogía entre las células de ese organismo y averiguar cales están más relacionadas entre sí. De este modo, no solo descubren tipos celulares nuevos, sino también la relación que muestran entre ellos. Además, los científicos obtienen información sobre las transformaciones celulares que suceden durante la regeneración de las planarias y encuentran tipos de células especificas cuyo número disminuye significativamente durante este proceso. Esto sugiere que estas células son sacrificadas como fuente de la energía necesaria para la regeneración.

Estos estudios, además de proporcionar nueva información relevante sobre la biología del desarrollo en un organismo modelo, indican que el empleo de la transcriptómica para analizar la evolución de células individuales en el ser humano, por ejemplo, las células que forman un tumor en respuesta a un tratamiento, puede ser una realidad que ayudará a comprender y a tratar mejor muchas enfermedades.

Referencias: Mireya Plass et al. Cell type atlas and lineage tree of a whole complex animal by single-cell transcriptomics. Science 10.1126/science.aaq1723 (2018). Christopher T. Fincher et al. Cell type transcriptome atlas for the planarian Schmidtea mediterranea. Science 10.1126/science.aaq1736 (2018).

20 de mayo de 2018

LA RADIACIÓN DE LOS MÓVILES CAUSA CÁNCER EN RATAS DE LABORATORIO

ALGUNOS TEMAS EN ciencia requieren décadas de estudios para ser elucidados. Uno de ellos es si la radiación de los teléfonos móviles causa cáncer. Un reciente y no bien documentado artículo de Vincent Navarro [1], quien sugiere que algo similar a lo que sucedió con el tabaco puede estar sucediendo con los móviles, ha calentado algo más el debate estos últimos días.

Vamos a subirnos de nuevo a este debate, que siempre es de interés porque quien más quien menos usa el móvil varias horas al día. Atención: dos estudios realizados durante más de una década, publicados recientemente, y que han costado más de veinticinco millones de dólares, indican, aunque no demuestran, que la radiación emitida por teléfonos móviles puede causar varios tipos de cáncer en ratas expuestas a estas radiofrecuencias durante la mayor parte de su vida (unos dos años). Los estudios se han realizado, utilizando miles de ratas y ratones, por dos grupos internacionales, uno de ellos formado por investigadores del Programa Nacional de Toxicología de los Institutos Nacionales de la Salud de EE.UU. [2]; el otro por investigadores del Instituto Ramazzini Italiano [3]. Los resultados han sido, además, revisados por un panel independiente de expertos de primer nivel científico, quienes acordaron incluso extender las conclusiones de los autores e indicar que la existencia de una asociación entre exposición a radiación de telefonía y el desarrollo del cáncer en roedores es clara. La agencia del medicamento y la alimentación (FDA) de los EE. UU. se encuentra analizando estos datos para decidir si son pertinentes nuevas recomendaciones al público sobre el uso de los teléfonos móviles [4].

El tumor que ha mostrado una asociación más significativa con la exposición a la radiofrecuencia de telefonía es el schwannoma, un raro tipo de cáncer que se desarrolla en el tejido nervioso asociado al corazón. Sin embargo, otros tipos de tumores (que incluyen linfomas y cánceres que afectan a la próstata, la piel, los pulmones, el hígado y el cerebro) vieron también incrementada su incidencia, aunque la asociación no resultó significativa.

La ciencia, además de determinar si un fenómeno existe o no, (en este caso si el cáncer puede ser causado por las radiofrecuencias empleadas en telefonía), debe determinar los mecanismos moleculares por los cuales se produce, es decir, las causas materiales del fenómeno del cual se ha establecido la existencia. Es aquí donde el conocimiento adquirido hasta la fecha es aún menor que el anterior.

Hoy en día, no se ha detectado un cáncer que no esté causado por alteraciones en la información genética. Debemos asumir, por tanto, a menos que alguien demuestre lo contrario, que es necesaria la generación de daño en el ADN que cause mutaciones en al menos una célula del organismo para que el cáncer se desarrolle.

No toda la radiación electromagnética es capaz de generar daño en el ADN. La radiación ultravioleta sí genera este daño, y el mecanismo fisicoquímico por el que lo genera es perfectamente conocido. Sin embargo, la radiación visible, algo menos energética que la anterior, no es capaz ya de dañar al ADN, por lo que se concluyó que cualquier radiación menos energética que la visible, entre la que se sitúa la empleada en telefonía, era igualmente incapaz de producirlo.

PROCESOS DESCONOCIDOS

Sin embargo, la incidencia de cáncer no solo se incrementa por la generación directa de daño al ADN. Este daño es producido cotidianamente por una variedad de causas, como tomar el sol, humo de tabaco o contaminación, o simplemente por los errores que la maquinaria celular comete inevitablemente al copiar el ADN. Si estos daños aleatorios no son reparados, podría igualmente generarse un cáncer, lo cual ha quedado también demostrado por muchos estudios, sobre algunos de los cuales hablé en su día (5). Cuando el daño es causado es necesario repararlo cuanto antes. En la reparación intervienen complejos mecanismos moleculares. Si la radiación afectara negativamente a estos mecanismos reparadores, aunque por sí misma no causara mutaciones, sí podría indirectamente contribuir al desarrollo del cáncer.

Los investigadores de los estudios anteriores encontraron algunas diferencias en el ADN de los cerebros de los animales expuestos a
86

radiofrecuencias en comparación con los no expuestos. Sin embargo, las diferencias no fueron claras y los investigadores desconocen la causa de estas.

Un estudio más reciente, realizado por investigadores de varias universidades europeas, puede arrojar alguna luz sobre este asunto. Los científicos sometieron a radiofrecuencias propias de la telefonía a varios tipos de células crecidas en el laboratorio. Cuando estas crecían en condiciones normales no se detectaron diferencias, pero cuando las células fueron crecidas en ausencia de suero (que se utiliza como fuente de nutrientes y de factores de crecimiento) se observó la generación de daño al ADN en algunas de ellas. El daño era de una naturaleza similar al causado por la radiación ultravioleta y era suficiente para desencadenar el mecanismo de reparación del ADN.

A pesar de lo anterior, muchos científicos son escépticos sobre que la radiación móvil cause cáncer en humanos. En primer lugar, existen importantes diferencias entre ratas y humanos que están en la raíz de muchos resultados discordantes. No todo lo que es tóxico o dañino para una rata resulta serlo en igual medida para el ser humano. Además, los datos epidemiológicos recogidos por varias instituciones internacionales, como el Instituto Nacional del Cáncer de los EE. UU., no indican que el uso de los teléfonos móviles haya resultado en un incremento de la incidencia de ningún tipo de cáncer.

El debate va a continuar y serán necesarios nuevos estudios para intentar cerrarlo. Mientras esperamos las nuevas recomendaciones de la FDA y otras instituciones, considero que lo más sensato es seguir utilizando el móvil como lo venimos haciendo sin asustarnos demasiado, aunque con la aconsejable precaución. Al fin y al cabo, vivimos en contacto constante con potenciales carcinógenos, entre ellos la luz del sol, y la vida sigue.

Referencias: (1) http://blogs.publico.es/vicenc-navarro/2018/05/17/lo-que-se-esta-ocultando-a-los-usuarios-de-los-moviles-su-salud-puede-peligrar/ (2) https://doi.org/10.1109/TEMC.2017.2665039 (3) https://doi.org/10.1016/j.envres.2018.01.037 (4) https://www.scientificamerican.com/article/new-studies-link-cell-phone-radiation-with-cancer/ (5) https://jorlab.blogspot.com.es/2017/05/la-tombola-del-cancer-ha-sido-confirmada.html

27 de mayo de 2018

EL MISTERIO DE LA GEOSMINA

La geosmina es un indicador de lluvia reciente

NORMALMENTE, EN ESTA sección trato de explicar algún nuevo y reciente conocimiento científico. Esto puede dar la impresión de que la ciencia se limita a desvelar lo desconocido y a facilitar soluciones a muchos problemas que aquejan a la Humanidad, aunque también pueda crear otros en el camino. Sin embargo, la ciencia no es solo luchar por conocer. En ocasiones, es aún más importante averiguar la extensión de nuestra ignorancia; identificar nuevos misterios que ni siquiera sabíamos que lo eran; jamás conformarse con lo que se conoce, sino ir siempre más allá, llegar al fondo de las cosas, y tal vez llegar a conocer que algunas cosas carecen de fondo.

Me gustaría hoy proporcionar un ejemplo de a qué me refiero. Buscando temas para escribir esta sección me encontré, no sin sorpresa, con un artículo divulgativo escrito por un buen amigo de la infancia, a quien, además de investigar, también le atrae de vez en cuando comunicar la ciencia a los demás. El artículo describía las propiedades de una molécula, basándose en las cuales los lectores debían descubrir cuál era. La molécula en cuestión era la que confiere al aire el olor a tierra mojada tan particular tras una tormenta o un chaparrón. Hacía unos años, había hablado en uno de mis programas de radio podcast sobre el tema de que las gotas de lluvia al caer forman pequeñas burbujas que al explotar generan aerosoles, minúsculas gotitas que al flotar en el aire transportan con ellas el olor de la tierra mojada. Sin embargo, desconocía que el olor a tierra mojada se debía a una sola molécula.

Una rápida búsqueda en Internet fue suficiente para averiguar que la molécula que huele a tierra mojada es la llamada geosmina, palabra derivada del griego que significa aroma (smina) a tierra (geo). El sufijo "smin" o "min" también aparece en otros nombres olorosos, como el jazmín.

La geosmina es una molécula volátil, es decir, que se evapora y pasa con facilidad al aire. Es producida por varias especies de bacterias del suelo, e impregna la tierra y los restos orgánicos. Las gotas de lluvia, al formar aerosoles, favorecen su paso al aire y, de este modo, la geosmina es un indicador de lluvia reciente.

La abundancia de la geosmina en el suelo y su volatilidad la convirtieron en una molécula muy ventajosa para la supervivencia de algunas especies, en particular para las que habitan regiones donde el agua es escasa. Acudir rápidamente donde esta haya podido caer puede ser cuestión de vida o muerte para algunos animales. Así, camellos, dromedarios y otros animales del desierto poseen un sentido del olfato extraordinariamente sensible a esta sustancia. Estos animales pueden detectar concentraciones de geosmina en el aire de menos de una parte por billón, es decir, una molécula de geosmina mezclada con más de un billón de moléculas de aire. Esta capacidad ha podido resultar determinante para la supervivencia de estos animales, al permitirles encontrar agua con rapidez.

¿POR QUÉ EXISTE?

La geosmina, sin embargo, es una molécula molesta, porque confiere un olor a tierra a determinados alimentos. A veces, las bacterias que la producen pueden crecer en las uvas y conferir con ello un olor terroso al vino. Algunas hortalizas, como el rábano, pueden producir esta molécula, y las bacterias del suelo pueden también estar presentes en lechugas y otros componentes de una buena ensalada, lo que no proporciona un buen sabor a estos productos.

Afortunadamente, un ácido suave es capaz de destruir a esta molécula y eliminar así su olor. Esta puede ser la razón que explica por qué las ensaladas se acompañan con salsa vinagreta, zumo de limón, o con otros mejunjes que, en general, son de naturaleza ácida. También es la razón por la que se ha investigado con bastante ahínco cómo eliminar esta molécula del agua potable y de los productos alimenticios que la pueden contener, incluidos algunos peces de río.

Sin embargo, se ha estudiado mucho menos por qué la molécula existe en primer lugar, es decir, por qué es importante para algunas bacterias producirla. Que esta producción es importante viene avalada por el hecho de que las bacterias productoras de geosmina contienen un gen dedicado a su producción. El gen, además, produce un enzima capaz de catalizar no una, sino dos reacciones bioquímicas al mismo tiempo, las cuales son ambas necesarias para la síntesis de la geosmina.

Cuando la evolución ha generado y mantenido un gen para producir una sustancia, probablemente es porque esa sustancia es importante para el organismo que la produce. Obviamente, las bacterias no van a producir geosmina para que los camellos puedan oler la lluvia, sino porque es importante para ellas. No obstante, no es conocido aún cuál es la función de la geosmina en el mundo bacteriano.

Afortunadamente, unos pocos investigadores han intentado explorar algunas hipótesis. Una de las más probables es que la geosmina sea una sustancia bactericida, es decir, una sustancia que unas bacterias son capaces de producir para defenderse de otras, matándolas. En efecto, los escasísimos estudios realizados indican que esta sustancia es capaz de matar a ciertas especies de bacterias. Sorprendentemente, se ha descubierto también que al menos tres especies de bacterias son capaces de colaborar entre sí para destruir esta sustancia. Son datos que apuntan a una guerra entre bacterias en la que la geosmina juega el papel de un arma importante.

Por el momento, son solo hipótesis que requieren confirmación. No obstante, sea como sea, este viaje, impulsado por mi curiosidad, cambiará para siempre la manera en que percibiré el olor a la lluvia. Ya no se tratará de tierra mojada; me evocará los millones de años de lucha por encontrar agua a lo largo de la evolución de los camellos, y también una posible guerra entre bacterias que probablemente lleva activa cientos de millones de años. La ciencia, además de espolear la curiosidad, puede también cambiar la percepción del mundo.

Referencias: Ozaki K et al. Lysis of cyanobacteria with volatile organic compounds. Chemosphere. 2008 Apr;71(8):1531-8. doi: 10.1016/j.chemosphere.2007.11.052. Epub 2008 Jan 7.
https://www.heraldo.es/noticias/suplementos/tercer-milenio/divulgacion/2018/02/13/reto-quimico-una-moleculica-evocadora-1224472-2121028.html.

3 de junio de 2018

UN NUEVO ONCOGÉN Y EL PIE DE ATLETA

Algunos tipos de tumores carecen aún de genes mutados que expliquen su aparición y crecimiento

LA CONFIRMACIÓN DE la existencia de los oncogenes, es decir, genes que favorecen el desarrollo del cáncer, ha sido tal vez uno de los avances científicos que más han ayudado a luchar contra esta enfermedad. La existencia de los oncogenes fue propuesta en 1914 por el biólogo alemán Theodor Boveri. Sin embargo, el primer oncogén fue descubierto solo en 1970. Este oncogén se identificó en tumores llamados sarcomas, por lo que se denominó *Src*. Poco más tarde, se comprobó que el oncogén *Src* era una forma vírica de un gen implicado en el crecimiento celular. Así, el oncogén se reveló como un gen "robado" a las células por un virus, virus en el que el gen había mutado de manera que ahora producía una proteína siempre activa, capaz de estimular continuamente la reproducción celular, lo que favorecía a su vez la reproducción vírica en el interior de las células infectadas.

Tras este primer oncogén, se han descubierto docenas de otros oncogenes, no todos los cuales han sido "robados" por virus. Puesto que los oncogenes producen oncoproteínas activadas que estimulan el crecimiento celular, muchos fármacos antitumorales actúan inhibiendo la acción de estas oncoproteínas, en particular cuando estas son enzimas que activan algún mecanismo molecular estimulador de la división celular.

Las células durante su reproducción siguen un conjunto ordenado de pasos conducentes a la generación de dos células hijas idénticas a partir de una célula original. Este proceso ordenado recibe el nombre de ciclo celular. Todos los oncogenes estimulan de una forma u otra la entrada de las células en este ciclo de reproducción celular.

Sin embargo, para que una célula se reproduzca con éxito no basta solo con que esta reciba las señales de crecimiento, internas o externas a ella misma, que activen el ciclo celular. Es también necesario que la célula que se va a reproducir cuente con la materia y la energía necesarias para reproducirse. De no contar con ellas, incluso uno o más oncogenes activados serían incapaces de conseguir que la célula se reprodujera. Por esta razón, genes normales que al funcionar de manera elevada faciliten la obtención de más energía o de más materia prima para la reproducción celular podrían actuar indirectamente como oncogenes, al propiciar este proceso y permitir la generación de tumores con mayor facilidad.

ENFERMEDAD HEPÁTICA GRASA Y CÁNCER DE HÍGADO

Aunque hoy está meridianamente claro que la actividad de uno u otro gen estimulador de la reproducción celular es necesaria para la aparición de tumores, algunos tipos de cáncer carecen aún de genes mutados que expliquen su aparición y crecimiento. Es el caso del carcinoma de hígado asociado a la enfermedad hepática grasa no alcohólica. Esta enfermedad y el cáncer asociado han visto aumentada su incidencia en el mundo desarrollado, sobre todo porque el hígado graso es más frecuente en caso de obesidad. Entre el 30 y el 40% de la población adulta sufre de hígado graso, porcentaje que sube a más del 75% entre los obesos. Un porcentaje de los afectados por hígado graso desarrollará carcinoma hepático, un tipo de cáncer que carece de gen mutado que lo explique y que, por ello, también carece de una estrategia terapéutica específica contra él.

Para intentar averiguar qué genes podrían estar implicados en el desarrollo de la enfermedad hepática grasa y el carcinoma hepático, un nutrido y mejor financiado grupo de investigadores chinos (probablemente mejor financiados que la enorme mayoría de los grupos españoles) ha estudiado en profundidad los genomas de las células cancerosas aisladas de biopsias de carcinoma hepático asociado a hígado graso. En sus estudios, un gen aparentemente anodino aparece con un funcionamiento muy elevado en muchos tumores. Se trata del gen denominado escualeno epoxidasa (*SQLE*). Este gen produce un enzima muy importante para la síntesis del colesterol.

El colesterol es una molécula fundamental para la formación de las membranas celulares, y su síntesis puede ser un paso limitante en la reproducción celular, ya que si no se puede generar suficiente cantidad de membrana celular no pueden formarse dos células hijas a partir de una original. Por esta razón, los investigadores deciden estudiar con más detalle la función del gen *SQLE*.

Los investigadores generan ratones transgénicos con mayores niveles de funcionamiento de este gen y comprueban en ellos que el gen induce hígado graso y mayor incidencia de tumores hepáticos. Los estudios con estos animales les permiten también concluir que el metabolismo acelerado del colesterol disminuye el funcionamiento de otros genes que frenan la reproducción celular, por lo que esta resulta acelerada.

El seguimiento de pacientes de carcinoma hepático les permite también averiguar que el pronóstico de la enfermedad es mucho peor en aquellos que presentan mayores niveles de funcionamiento del gen *SQLE*. Esto indica que el gen puede funcionar como un nuevo marcador de la progresión de la enfermedad.

Sin embargo, lo más interesante es que ya existe un medicamento en uso capaz de frenar el funcionamiento del enzima escualeno epoxidasa. Se trata de la terbinafina, un fármaco utilizado hasta ahora como antifúngico para tratar, entre otras cosas, el pie de atleta. Los científicos estudian el efecto de la terbinafina sobre el crecimiento de células de carcinoma hepático y comprueban que este se ve muy reducido tanto en células cultivadas en el laboratorio como en tumores que hacen crecer en ratones. Este efecto antitumoral se ve asociado con la restauración a niveles normales del funcionamiento de los genes que frenan la reproducción celular.

Son buenas noticias para la lucha contra el cáncer, ya que es probable que no solo los tumores hepáticos, sino también muchos de otros tipos puedan beneficiarse del tratamiento con terbinafina. Habrá, no obstante, que esperar a la realización de ensayos clínicos con pacientes antes de poder disponer de la terbinafina como fármaco aprobado para su uso antitumoral.

Referencia: Dabin Liu et al. Squalene epoxidase drives NAFLD-induced hepatocellular carcinoma and is a pharmaceutical target. Sci. Transl. Med. 10, eaap9840 (2018).

10 de junio de 2018

PARA ACABAR CON LOS CATARROS

No existe ni vacuna ni cura para el catarro

EL CATARRO COMÚN es una de las enfermedades de la cual, a pesar de ser leve, la Humanidad querría desembarazarse con total seguridad. Probablemente, no exista nadie que no se haya acatarrado al menos una vez en la vida. Y es que un adulto se acatarra por término medio de dos a tres veces al año, y un niño puede hacerlo de seis a ocho veces en ese tiempo. Afortunadamente, el catarro solo causa los síntomas, normalmente leves, que todo el mundo sabe y que no voy a repetir aquí, aunque en el caso de pacientes de asma o de enfermedad pulmonar obstructiva, el catarro puede suponer riesgo de muerte.

No existe ni vacuna ni cura para el catarro. No queda otro remedio que sufrirlo y pasarlo cuando lo cogemos. El conjunto de síntomas más comunes dura alrededor de una semana, pero algunos efectos, como la tos, pueden tardar hasta tres semanas en desaparecer, o incluso más de un mes en el caso de los niños.

La razón por la que el catarro carece de cura y de vacuna es que existen más de doscientas variantes de virus que lo causan. Esto ha hecho imposible desarrollar una vacuna que sea capaz de protegernos contra todas ellas. Igualmente, los virus causantes de los catarros son capaces de mutar muy rápidamente, lo que ha hecho también imposible el desarrollo de fármacos antivirales eficaces, ya que los virus generan en muy poco tiempo mutaciones que les confieren resistencia frente a ellos.

El fracaso para tratar la enfermedad infecciosa más frecuente de la Humanidad y de la Historia no se debe, por tanto, a una deficiente investigación científica sobre estos virus. Bien al contrario, la investigación ha desvelado no solo el genoma de estos virus, sino los mecanismos moleculares particulares por los que estos, una vez introducidos en una célula, son capaces de producir las proteínas y el ARN necesarios para formar numerosas nuevas partículas de virus infecciosas.

Este conocimiento ha revelado que los virus del catarro no solo dependen de sus propios genes para reproducirse. Como buenos parásitos moleculares que son, los virus del catarro han evolucionado para aprovecharse de algunos genes de las células que infectan y que les resultan necesarios para su reproducción. Uno de estos genes es el que produce el enzima llamado N-miristoiltransferasa. ¿Qué demonios es esto?

MIRISTILACIÓN CRÍTICA

Y bien, a pesar del nombrecito, la función que desempeña este enzima no es tan difícil de comprender. El enzima une un ácido graso, el llamado ácido mirístico, a la primera proteína producida por el virus. Probablemente estemos familiarizados con los ácidos grasos, como el oleico y los ácidos grasos omega-3. Pues bien, el ácido mirístico es otro de esos ácidos grasos, que, aunque menos conocido, no es menos importante.

En efecto, algunas proteínas de las células necesitan ser miristiladas, es decir, necesitan unir una molécula de ácido mirístico, para funcionar correctamente o para ser dirigidas al sitio de la célula donde deben realizar su función. Normalmente, la adición de una molécula de ácido mirístico, gracias a la acción del enzima mencionado, consigue que las proteínas puedan unirse a la membrana de las células, que es de naturaleza grasa, como también lo es el ácido mirístico.

En el caso de las proteínas del virus del catarro, es necesaria la miristilación de la primera proteína producida por este virus para que los pasos subsiguientes de ensamblaje de las proteínas víricas, de modo que formen nuevas partículas activas de virus, puedan proceder con normalidad. Esta miristilación es llevada a cabo por el enzima N-miristoiltransferasa (en adelante, NMT), que, como decíamos, no es producida por el virus, sino por las células que estos infectan. Varios estudios han demostrado que, si este enzima no funciona bien, los virus del catarro no pueden reproducirse.

El conocimiento anterior abre la posibilidad de impedir con algún fármaco la actividad del enzima que transfiere el ácido mirístico a las proteínas del virus. Puesto que este enzima no es producido por los genes víricos, estos no podrían mutar y generar así resistencia al fármaco. Este fármaco, sería, por consiguiente, eficaz contra la práctica totalidad de los virus del catarro, que necesitan de la acción del enzima para su reproducción.

Gracias a estos conocimientos, un grupo de investigadores de varias universidades británicas decidió iniciar una búsqueda de moléculas que pudieran ser buenas inhibidoras del enzima NMT. El fármaco debería ser capaz de inhibir la actividad de este enzima en un grado tal que no causará problemas importantes a las células del organismo, pero sí los causará a los virus que las infectaran. Puesto que los virus se reproducen con gran rapidez y requieren para ello una elevada actividad del enzima NMT, tal vez si se lograra disminuir esta actividad solo en un cierto grado esto podría ser suficiente para evitar la reproducción vírica sin afectar al funcionamiento normal de las células que, como hemos dicho, requieren de una cierta actividad de este enzima para su vida normal.

Tras una intensa búsqueda de moléculas mediante el uso de modernos métodos, los. científicos identifican un nuevo inhibidor del enzima NMT que es capaz de disminuir sustancialmente la reproducción del virus del catarro sin causar toxicidad adicional a las células. Por el momento, estos estudios se han realizado solo en células cultivadas en el laboratorio. Habrá que esperar a los resultados de los experimentos realizados en animales, y también a los pertinentes ensayos clínicos con pacientes, pero hoy existe una cierta esperanza de que en unos pocos años podamos disponer de un nuevo fármaco que, finalmente, cure los molestos y persistentes catarros.

Referencia: Aurélie Mousnier et al. Fragment-derived inhibitors of human N-myristoyltransferase block capsid assembly and replication of the common cold virus. Nature Chemistry. https://doi.org/10.1038/s41557-018-0039-2

17 de junio de 2018

BILIS, FLORA, INMUNIDAD Y CÁNCER

Los investigadores enfocan sus esfuerzos en estudiar la llamada inmunovigilancia contra el cáncer

LA INVESTIGACIÓN EN biomedicina ha dejado claro que los humanos y otros mamíferos no somos organismos, sino meta-organismos, es decir, algo "más allá" que un organismo. La flora intestinal y las bacterias que habitan las superficies corporales ejercen un efecto tan importante en lo que somos que no pueden ser separadas de nosotros sin que eso modifique incluso nuestra propia identidad. Es el conjunto de todas nuestras células y de todas nuestras bacterias, en sí mismas organismos hechos y derechos, lo que hace de nosotros lo que somos.

Un nuevo hallazgo que ha venido a confirmar de manera dramática lo anterior es el descubrimiento de que la flora intestinal, la bilis y el cáncer de hígado están relacionados a través de la activación de nuestro sistema inmune. Vamos a intentar explicar cómo se ha descubierto esta extraña y compleja relación y sus implicaciones para el tratamiento del cáncer de hígado, uno de los cánceres que más muertes causa en el mundo.

Los investigadores del estudio, realizado en los Institutos Nacionales de la Salud de los EE. UU., sabían que existe una estrecha asociación, descubierta en los últimos años, entre la flora intestinal y el hígado. Numerosas enfermedades hepáticas están asociadas con desequilibrios en las especies bacterianas de la flora intestinal. Por ello, algunos científicos han sugerido que el cáncer de hígado pudiera estar afectado por alteraciones en la flora. De hecho, el hígado contiene numerosas células del sistema inmune y se ha comprobado que la composición de la flora intestinal afecta al resultado de tratamientos de inmunoterapia contra el cáncer de hígado, es decir, a tratamientos basados en la activación del sistema inmune para que elimine a las células tumorales.

La razón que puede ayudar a explicar los hechos anteriores es que el 75% del aporte sanguíneo al hígado procede de la vena porta, la cual recoge y transporta a este órgano la sangre que antes ha irrigado al intestino. De este modo, las sustancias producidas o metabolizadas por la flora intestinal pasan a la sangre y son transportadas así al hígado. Unas de estas sustancias son los ácidos biliares, componentes fundamentales de la bilis.

Como sabemos, la bilis es un líquido verdoso-amarillento producido por el hígado y almacenado en la vesícula biliar, desde donde se secreta al intestino para ayudar a la emulsión y digestión de las grasas. Existe una recirculación de los productos metabólicos de los ácidos biliares, componentes fundamentales de la bilis y muy relacionados químicamente con el colesterol, los cuales son devueltos al hígado por la vena porta una vez han sido metabolizados por las bacterias de la flora.

Estudios adicionales indicaron que los productos metabólicos de los ácidos biliares producidos por la flora podrían contribuir al desarrollo del cáncer de hígado. Para intentar averiguar si esto era cierto, los investigadores utilizan ratones de laboratorio que desarrollan cáncer de hígado de manera espontánea o a los que les producen metástasis hepáticas de varios tumores. Los investigadores enfocan sus esfuerzos en estudiar la llamada inmunovigilancia contra el cáncer, es decir, la función que el sistema inmune desempeña para eliminar a las células tumorales. La razón de estudiar esto es que el sistema inmune se encuentra siempre vigilante para controlar a las bacterias de la flora y su funcionamiento normal es fuertemente afectado por esta.

LLAMADA A LAS ASESINAS

Para determinar con claridad si la flora intestinal afecta al crecimiento de los tumores, los investigadores tratan a los animales con una combinación de tres antibióticos que eliminan gran parte de su flora. En estas condiciones, los ratones redujeron el crecimiento de los tumores y de las metástasis que se desarrollaban en el hígado, pero no disminuyeron el crecimiento de tumores que los científicos habían inducido a crecer en otras partes del organismo. Así pues, parece claro que la flora intestinal favorece el crecimiento tumoral en el hígado, si un tumor se desarrolla en este órgano.

Al estudiar las células inmunes presentes en el hígado de los ratones con tumores hepáticos, los científicos encuentran que la flora intestinal afecta a la presencia y actividad de las llamadas células asesinas naturales (NK, por sus siglas en inglés), las cuales son las más importantes en la inmunovigilancia contra el cáncer, porque son capaces de matar a las células tumorales. Al eliminar la flora con antibióticos, las células NK incrementan su presencia y actividad en el hígado, lo que contribuye a disminuir el crecimiento tumoral.

Los investigadores sabían que estas células acuden a los diversos órganos cuando detectan una molécula particular producida por las células de los vasos sanguíneos. La eliminación de la flora aumentó la producción de esta molécula en los vasos sanguíneos del hígado, lo que condujo a que un mayor número de células NK acudiera a ese órgano.

¿Por qué era esta molécula producida en mayor cantidad al eliminar la flora? Los investigadores determinan que los productos metabólicos de los ácidos biliares generados por la flora intestinal son responsables de disminuir la producción de esta molécula. Por esta razón, cuando la flora es eliminada, la producción de la molécula aumenta y más células NK acuden al hígado, donde actúan para matar a las células cancerosas y disminuir así el crecimiento tumoral. Finalmente, los investigadores son capaces de determinar que las bacterias del género *Clostridium* son las más importantes en la generación de los productos derivados de los ácidos biliares que afectan a la cantidad de células NK en el hígado.

Queda aún por esclarecer si algo similar sucede en el ser humano. De confirmarse esto último, la manipulación de las especies bacterianas de la flora intestinal o tratamientos para disminuir la secreción de bilis, por ejemplo, mediante una dieta pobre en grasas, podrían ser estrategias muy útiles para mejorar la terapia contra el cáncer de hígado, un tipo de tumor que ha visto triplicada su incidencia en las últimas décadas.

Referencia: Chi Ma et al. Gut microbiome-mediated bile acid metabolism regulates liver cancer via NKT cells. Science. May 25, 2018. DOI: 10.1126/science.aan5931.

24 de junio de 2018

MARTE CONTIENE MOLÉCULAS ORGÁNICAS

El hallazgo supone un hito en la disciplina de la astrobiología

EL MISTERIO DE si existe o ha existido vida en otros lugares del universo puede estar más cerca de ser clarificado. El análisis de los datos recogidos por el vehículo espacial *Curiosity*, parte de la misión de la NASA *Mars Science Laboratory*, desvela, sin ninguna duda, que Marte posee moléculas orgánicas, algunas de las cuales tienen más de tres mil millones de años. El descubrimiento ha sido publicado en dos artículos recientes de la revista *Science*. No obstante, el origen de estas moléculas orgánicas sigue sin estar claro y no está confirmado que hayan sido producidas por seres vivos que una vez existieran sobre el planeta.

Para entender el alcance de este descubrimiento es necesario que nos desplacemos hasta 1976. Ese año se produjo la llegada a Marte de las sondas *Viking 1* y *Viking 2*, con la misión específica de analizar si en dicho planeta pudiera haber vida. El bioquímico español Juan Oró (1923-2004), estuvo implicado en el diseño de los ensayos que de forma automatizada llevarían a cabo las sondas *Viking*. El resultado de estos experimentos supuso una decepción, puesto que no se encontró rastro de moléculas orgánicas ni, por supuesto, de vida presente o pasada, sobre la superficie de Marte, al menos no sobre la zona donde las sondas *Viking* habían tocado el suelo marciano.

Desde aquellos años, nuevos descubrimientos sobre Marte indican que este planeta poseyó condiciones adecuadas para que se hubiera podido desarrollar en él al menos una vida microbiana simple. Por ejemplo, existen sólidas evidencias indicativas de que Marte contuvo un gran océano que cubrió gran parte de su superficie. Este océano ha desaparecido hoy, posiblemente evaporado en el espacio, pero es aún posible que quede agua en abundancia bajo la superficie del planeta en donde la vida que tal vez surgió en ese océano pueda sobrevivir hoy. De ser así, esos seres vivos podrían dejar alguna huella en forma de moléculas orgánicas.

Sin embargo, los seres vivos no son la única fuente de moléculas orgánicas. Estas pueden formarse en el universo por procesos químicos y luego pueden acabar en la superficie de los planetas, transportadas allí por asteroides, meteoritos o cometas. Se calcula que, de esta manera, Marte debería recibir entre 100 y 300 toneladas de materia orgánica por año. Un planeta de la edad de Marte debería, por tanto, poseer moléculas orgánicas en abundancia. Por consiguiente, la ausencia de estas moléculas revelada por la misión *Viking* suponía un hecho inesperado. De confirmarse, esto supondría, tal vez, la existencia de un proceso de destrucción activa de esas moléculas. No obstante, incluso si las moléculas orgánicas que van llegando al suelo marciano fueran degradadas, por ejemplo, por la radiación ultravioleta del Sol, la cual es intensa en Marte al carecer este planeta de una atmósfera suficientemente densa como para apantallarla, los productos de esta degradación deberían poder ser detectados.

METANO ESTACIONAL

Por las razones anteriores, se diseñó la misión *Mars Science Laboratory* que entre sus objetivos contaba con la detección sobre la superficie de Marte de moléculas orgánicas o de sus restos de degradación. Esta misión estaba inspirada por lo realizado con la misión *Viking*, pero contaba con mucho mejor instrumental y técnicas para llevarla a cabo.

El rover *Curiosity* ha podido recoger muestras de suelo marciano para analizarlas. En uno de los ensayos empleados, estas muestras son calentadas para que liberen en forma de gas las posibles moléculas orgánicas presentes. Los gases liberados son analizados mediante dos instrumentos bien conocidos en la Tierra que han podido ser adaptados para su transporte hasta Marte a bordo de *Discovery*.

Tras años de recogida y análisis de datos y la realización de múltiples ensayos, controlados de manera remota desde la Tierra, hechos en variadas condiciones para asegurarse de que los datos obtenidos eran coherentes, un primer grupo de investigación confirma que, en efecto, el suelo marciano contiene moléculas orgánicas simples. El hallazgo supone un hito en la disciplina de la astrobiología, si finalmente se confirmara que el origen de estas moléculas se debe a seres vivos que una vez habitaron Marte.

El segundo grupo de investigación decide enfocar sus esfuerzos sobre la presencia de metano en la tenue atmósfera de Marte. El metano es un gas que en la Tierra es producido por varias clases de microrganismos, aunque puede también ser producido sin necesidad del concurso de seres vivos. Los estudios llevados a cabo por *Discovery* demuestran que la atmósfera de Marte posee metano. Lo más sorprendente, sin embargo, es que la concentración de este gas varía de manera estacional. El pico de generación de metano es más elevado que el que puede calcularse de la degradación de las moléculas orgánicas que llegan al planeta cada año desde el espacio, por lo que parte del metano debe tener un origen intrínseco al planeta. Los datos sugieren también que este metano se produce a partir de ciertos focos de producción, que posiblemente se encuentran en el subsuelo marciano. Todos estos datos hacen sospechar de un origen biológico de este metano, cuya producción variaría con las estaciones, como sería esperable de ser su origen debido a una actividad biológica.

Los descubrimientos anteriores no confirman que en Marte haya existido vida ni que esta pueda seguir existiendo hoy. Sin embargo, sí son lo suficientemente interesantes como para estimular el envío de nuevas misiones a Marte con nuevos instrumentos y tecnologías capaces de adquirir datos que puedan esclarecer esta cuestión tan vital para la ciencia y, por qué no decirlo, también para la Humanidad.

Referencias: Jennifer L. Eigenbrode et al. Organic matter preserved in 3-billion-year-old mudstones at Gale crater, Mars. http://science.sciencemag.org/content/360/6393/1096
Christopher R. Webster et al. Background levels of methane in Mars' atmosphere show strong seasonal variations. http://science.sciencemag.org/content/360/6393/1093

1 de julio de 2018

LA EVOLUCIÓN DEL CERO

Hoy se considera que este concepto se adquiere en cuatro etapas

UNA DE LAS lecciones de matemáticas que más me sorprendió fue esa en la que el profesor nos enseñó que el cero era un número muy moderno. Me quedé boquiabierto al saber que no todos los números eran igual de viejos. Los números enteros fueron los que primero se utilizaron. Servían para contar ovejas, camellos, gallinas, enemigos..., cosas de suma importancia. Sin embargo, a pesar de ser el cero un numero entero, no todas las civilizaciones y culturas lo llegaron a descubrir. Los antiguos griegos, por ejemplo, carecían de símbolo para el cero y no estaban seguros de si era o no un número. Se preguntaban: ¿cómo puede nada ser algo? No es de extrañar que su civilización desapareciera. El exceso de filosofía es tan dañino como el exceso de ciencia, aunque peor aún resulta su defecto.

El cero es un concepto difícil. Hoy, se considera que este concepto se adquiere en cuatro etapas. La primera es la capacidad de definir cero como la ausencia de algo. La segunda es la clasificación del cero como la nada frente a algo. La tercera etapa es comprender que el cero se sitúa al principio del continuo de los números enteros. La cuarta, que es la más avanzada, es la representación numérica del cero, en tanto que símbolo que define órdenes de magnitud (1, 10, 100, etc...) y posibilita los cálculos matemáticos. Los niños solo comienzan a comprender este concepto a la edad de cuatro años, por lo que inicialmente se supuso que los animales, incluidos los primates superiores, eran incapaces de captar este escurridizo concepto.

No debería ya sorprender a nadie saber que esta hipótesis, la cual, como tantas otras, abrazaba la superioridad humana sobre el resto de los seres de la creación, se ha revelado falsa. Los primates, y también muchas aves, son capaces de comprender el concepto de cero, si bien no en su versión más avanzada. Sin embargo, sí son capaces de adquirir el concepto de conjunto vacío y colocar el cero como la menor cantidad en el continuo de los números enteros.

El proceso de la evolución de las especies ha dejado claro que las capacidades que han adquirido los animales a lo largo de esta son resultado de que dichas capacidades confieren ventajas a la hora de transmitir los genes a las siguientes generaciones. Por consiguiente, es posible que la habilidad intelectual de conceptualizar el cero, si es importante para la supervivencia y la reproducción, la posean muchos más animales que únicamente los supuestos como los más inteligentes.

Teniendo en cuenta estas consideraciones, un grupo de investigadores de las universidades de Melbourne, en Australia, y de Toulouse, en Francia, estudian si nuestro insecto favorito, la abeja melífera, es también capaz de comprender el concepto de cero. Puede parecer una idea descabellada estudiar esto en esos laboriosos animalillos, pero no hay que olvidar que las abejas son una de las escasas especies de animales invertebrados que poseen la capacidad del lenguaje, también considerada exclusivamente humana hasta no hace tanto.

MAYOR QUE, MENOR QUE

Para estudiar este asunto, los investigadores realizan una serie de ingeniosísimos experimentos, en los que son capaces de entrenar a las abejas para que estas distingan cantidades diferentes. Las abejas son entrenadas de dos maneras. En ambas se condiciona a estos insectos para identificar imágenes que contienen diferentes cantidades (de uno a cuatro) de cuadrados negros de distintos tamaños. En la primera modalidad, se proporciona una sustancia dulce (recompensa) cuando las abejas eligen la imagen con más cuadrados, y se proporciona una sustancia desagradable cuando eligen la imagen con menor número de cuadrados. En la segunda modalidad, se hace justamente lo contrario con otro grupo diferente de abejas. Tras una serie de repeticiones, los dos grupos de abejas aprenden a identificar de manera muy fiable la imagen que les proporciona la recompensa. Así, el primer grupo de abejas es entrenado a preferir cantidades mayores unas de otras, y el segundo es entrenado a preferir cantidades menores unas de otras.

Esta capacidad es confirmada presentando ahora a las abejas imágenes que contienen distintas cantidades no ya de cuadrados sino de círculos. Si las abejas eligieran correctamente las distintas cantidades de círculos eso querría decir que han adquirido el concepto de cantidad independientemente del tipo de estímulo (cuadrados o círculos) que les son presentados. En otras palabras, las abejas habrían elaborado un concepto abstracto de la diferencia entre cantidades. Esto fue en efecto lo que sucedió, ya que fueron capaces de identificar correctamente las diferencias numéricas con imágenes que contenían círculos en cantidades que eran además diferentes de las usadas en los entrenamientos con cuadrados.

Una vez entrenadas de este modo, se presentaron dos imágenes nuevas a las abejas. Una de ellas representaba un único círculo, pero la otra era una imagen en blanco que no mostraba círculo alguno, es decir, era una imagen correspondiente al número cero, que las abejas jamás habían visto antes. Estudios anteriores habían demostrado que algunos animales tienen serias dificultades en distinguir entre el cero y el uno. Sin embargo, no parece ser este el caso con las abejas, las cuales realizaron con mucha seguridad la elección que les conducía a la recompensa de acuerdo al entrenamiento que habían recibido.

Estos y otros experimentos del estudio relatado aquí indican que las abejas pueden aprender algo de matemáticas y adquirir los conceptos de mayor y menor que. Los estudios indican, además, el importante hecho de que las abejas son capaces de comprender el concepto de cero y posicionar correctamente este valor en relación con otros valores numéricos. En lo que al concepto de cero se refiere, esto coloca a las abejas en un nivel cognitivo similar al de los primates no humanos. Por consiguiente, el concepto de cero goza, sorprendentemente, de una larga tradición en la evolución animal, lo que mi profesor de matemáticas, sin duda, desconocía.

Referencia: Scarlett R. Howard et al. (2018). Numerical ordering of zero in honey bees. Science, 8 June 2018 • VOL 360 ISSUE 6393. http://science.sciencemag.org/content/360/6393/1124

8 de julio de 2018

DIETA, OBESIDAD, DEPRESIÓN Y FLORA

Los ratones obesos muestran niveles de ansiedad y depresión mucho más elevados

GRACIAS A LA ciencia y a la medicina, al menos parte de la Humanidad se ha ido poco a poco desembarazando de mitos y explicaciones místicas para ciertos antaño considerados problemas del espíritu, o de la voluntad, que en realidad no son sino meras enfermedades. Así, la obesidad, antes considerada resultado del pecado capital de la gula, y de un escaso o nulo ejercicio de la virtud de la templanza, se ha revelado como una enfermedad de nuestro tiempo y ambiente hipercalórico, causada por múltiples e involuntarios fallos genéticos y metabólicos en el control del apetito.

Otra de las enfermedades que aún sigue acarreando un estigma de misterio y de pecado es la depresión. Hoy se sabe que la depresión no es debida a un castigo divino, a un profundo malestar espiritual, o a una posesión diabólica, sino que es resultado de múltiples factores ambientales y genéticos que escapan al control de la persona deprimida. Todo se debe a desequilibrios bioquímicos en el funcionamiento de ciertas áreas del cerebro.

La investigación en biomedicina ha revelado, precisamente, que existe una relación inesperada entre obesidad y depresión, dos enfermedades aparentemente muy diferentes, puesto que una afecta al cuerpo y otra, a la mente. Depresión y obesidad son enfermedades que muy frecuentemente aparecen juntas. La relación entre las dos ocurre en ambas direcciones, puesto que la presencia de una aumenta la probabilidad de sufrir la otra. Ambas enfermedades constituyen un problema mayor de salud pública en los países desarrollados y, juntas, se llevan prematuramente muchas vidas. Averiguar a qué es debida la clara relación que existe entre estas dos enfermedades podría, por consiguiente, ser de gran ayuda para la prevención de ambas.

Una manera de abordar el estudio de esta intrigante cuestión es utilizar animales de laboratorio susceptibles de sufrir una de estas enfermedades y estudiar si cuando estos la desarrollan, también sucede lo mismo con la otra. Esta estrategia es la que han empleado investigadores del Centro Joslin para el estudio de la diabetes, localizado en Boston, EE. UU.

Los investigadores, dirigidos por el Dr. Ronald Khan, inducen obesidad alimentando con una dieta rica en grasas a ratones de laboratorio de una raza genéticamente propensa a esta enfermedad. Tras convertirlos en obesos, los investigadores analizan si estos ratones muestran mayores signos de ansiedad y depresión que ratones de la misma raza no alimentados con la dieta rica en grasas y que no se han convertido en obesos. Mediante el uso de cuatro pruebas estándar, los científicos concluyen que los ratones obesos muestran niveles de ansiedad y depresión mucho más elevados. Aunque no han tratado a los ratones en modo alguno para que estos desarrollen una depresión, por ejemplo, restringiendo sus movimientos o causándoles algún tipo de inevitable dolor, o estrés, los ratones están más deprimidos simplemente porque han engordado. ¿A qué podría ser debido este claro efecto?

ANTIBIÓTICOS ANTIDEPRESIVOS

Basándose en estudios recientes que indican un efecto de la flora intestinal en el estado de ánimo, los científicos deciden estudiar si cambios en la flora intestinal inducidos por la dieta podrían ser los responsables del desarrollo de la depresión y la ansiedad en los ratones. Para ello, al mismo tiempo que administran la dieta rica en grasas a otro grupo de ratones de la misma raza, tratan a estos con antibióticos para impedir de este modo el crecimiento de las bacterias de la flora. Los ratones así alimentados se convierten en obesos, como los anteriores. Sin embargo, y sorprendentemente, estos ratones no desarrollan depresión ni muestran mayores niveles de ansiedad. Mediante sus efectos sobre la flora, los antibióticos fueron capaces de desligar obesidad y depresión.

Para confirmar, sin dejar espacio para la duda, que los cambios en la flora intestinal inducidos por la dieta rica en grasas eran los responsables del desarrollo de la ansiedad y la depresión, los científicos realizan un experimento de "trasplante de flora". Para ello, extraen las bacterias de la flora intestinal de ratones que se han convertido en obesos y en deprimidos a causa de la dieta rica en grasas y las transfieren a ratones criados en condiciones de esterilidad y que carecen de flora. Y bien, estos ratones, al recibir la flora de los otros, también mostraron mayores signos de depresión y ansiedad sin necesidad de convertirlos previamente en obesos alimentándoles con una dieta rica en grasas.

Los científicos no se contentan con esto e intentan averiguar qué efectos ejercen sobre el cerebro los cambios de la flora intestinal inducidos por la dieta grasa. Para ello, estudian las regiones cerebrales que se conoce resultan afectadas en el caso de depresión y ansiedad y descubren con sorpresa que estas regiones se han convertido en "diabéticas", puesto que han desarrollado resistencia a la acción de la insulina, es decir, las células de estas regiones poseen una menor capacidad para incorporar glucosa desde la sangre en respuesta a la producción de esta hormona por el páncreas. La resistencia a la insulina causa diabetes y es un efecto claramente asociado con la obesidad. Esta resistencia puede afectar a la capacidad de las neuronas para captar glucosa, la cual es la principal fuente de energía de estas células, lo que puede afectar a su funcionamiento y causar la depresión.

Si algo similar ocurre en el ser humano, lo que queda por estudiar, se puede pensar que modificaciones precisas de la flora intestinal podrían paliar o incluso hacer desaparecer los estados de ansiedad y depresión asociados con la obesidad. Sin embargo, estas modificaciones no pueden hacerse a la ligera, ya que, como decía aquí hace unas pocas semanas, la flora intestinal puede afectar al desarrollo del cáncer de hígado y, probablemente, pueda afectar también a otras enfermedades, en particular a enfermedades relacionadas con el funcionamiento del sistema inmune, el principal, encargado de mantener a la flora intestinal en niveles tolerables para el organismo. La investigación en biomedicina está llena de obstáculos y dificultades, pero gracias a ella gozamos hoy de impresionantes avances que mejoran nuestra salud y podemos seguir esperando futuras mejoras.

Referencia: Gut microbiota modulate neurobehavior through changes in brain insulin sensitivity and metabolism. Molecular Psychiatry (2018). https://doi.org/10.1038/s41380-018-0086-5

15 de julio de 2018

Escapando hacia la noche

El incremento de la actividad nocturna es una adaptación universal que los animales emplean para evitar a los humanos

EL PROBLEMA DEL calentamiento y contaminación globales, como, por ejemplo, los plásticos desechados como basura que anegan los océanos, puede hacernos creer que la contaminación y el clima son los únicos factores que están afectando a los seres vivos que, por el momento, aún habitan el planeta. No es así. La mera presencia humana, incluso respetuosa con el medio ambiente, resulta ya un factor de máxima importancia en la evolución de la vida sobre la Tierra.

Y es que la especie humana cuenta ya con 7.600 millones de ejemplares, y subiendo. Se estima que el 75% de la tierra firme está modificada por la actividad humana, porcentaje que va igualmente aumentando cada año. Esta situación está causando la extinción de numerosas especies, y puede estar también afectando al comportamiento de aquellas que aún sobreviven, pero que han visto su hábitat afectado de manera importante por la mera presencia humana.

Sí, la mera presencia humana es ya un importante factor que afecta a la vida de muchos, por no decir de todos, los animales. Hace más de medio siglo, algunos estudios ya indicaban que los animales salvajes perciben al ser humano como un superpredador, es decir, como el predador más peligroso y poderoso. Si toparse con un ser humano es percibido como un serio riesgo para la vida, los animales tienden, obviamente, a evitarlo.

Una forma de evitar o, al menos, minimizar ese riesgo es abandonar los lugares de residencia habitual e intentar encontrar otros más alejados de los seres humanos. En efecto, numerosos estudios indican que muchas especies han modificado su distribución geográfica para evitar la amenaza humana.

No obstante, mudarse a lugares más tranquilos no es siempre posible, ni es tampoco una solución duradera frente a la continua expansión de la especie humana. Otra forma de intentar disminuir el riesgo de encontrarse con los humanos es evitar las horas del día en las que estos son más activos.

Puesto que, en ausencia de discotecas, salas de fiesta y Ferias varias, los humanos son animales diurnos, esto forzaría a muchos animales diurnos a convertirse en nocturnos. ¿Disponemos de evidencia para poder afirmar con seguridad que esto está sucediendo?

Afortunadamente, el advenimiento del GPS y de tecnologías como la telemetría y el uso de cámaras ocultas han permitido la realización de numerosos estudios en diversas partes del mundo. El problema es que cada uno de estos estudios obtiene una evidencia parcial, referida solo a un hábitat particular y a especies concretas. Para poder concluir que la presencia humana está incrementando la actividad animal nocturna es necesario realizar un análisis conjunto de todos los datos obtenidos en todos los estudios. Es lo que se denomina un metaanálisis. Investigadores de las Universidades de California y de Boise, en los EE. UU., realizan este metaanálisis con los datos obtenidos en 72 estudios de 62 especies en todos los continentes, menos la Antártida.

CON NOCTURNIDAD

El análisis de estos datos permite concluir que el incremento de la actividad nocturna es una adaptación universal que los animales emplean para evitar a los humanos. Para llegar a esta conclusión, los investigadores compararon los datos de actividad animal durante el día y la noche en áreas en las que la presencia humana era frecuente con áreas en las que la presencia humana era infrecuente. Esta comparación permitió averiguar que los animales incrementan su nocturnidad por un factor de 1,36, sin que importe la clase de animal de qué se trate ni el continente donde se haya llevado a cabo el estudio.

Los animales más grandes aumentaron la nocturnidad de manera más importante que los animales pequeños. Los científicos desconocen la razón, pero probablemente esta sea que estos animales son convertidos en trofeos de caza con mayor frecuencia, o bien que la probabilidad de que los humanos los busquen, incluso solo para fotografiarlos, es mayor.

El importante incremento de la vida nocturna de animales que son normalmente diurnos no es una mera anécdota. Puede generar serias consecuencias para la supervivencia de las especies, incluso para aquellas que no son cazadas activamente. Por ejemplo, algunos predadores diurnos en el pico de la cadena alimenticia pueden ver disminuida su capacidad de cazar si deben hacerlo por la noche, lo que puede afectar a su papel regulador de su ecosistema, y generar consecuencias más allá de sus presas, hasta especies alejadas.

Al contrario, algunas presas normalmente diurnas pueden ser más susceptibles de ser cazadas por predadores nocturnos si aumentan su actividad de búsqueda de alimento por la noche. Además, el cambio de horario en las actividades diarias de los animales puede afectar al modo en que una misma población de presas puede ser cazada por diferentes predadores, afectando al reparto normal de los recursos entre ellos, lo que se traducirá en cambios en las poblaciones y en los ecosistemas.

Otro factor a tener en cuenta es que algunas especies toleran mejor a los humanos que otras y no modifican sus hábitos por la presencia de estos. Estas especies pueden verse favorecidas por el cambio en el comportamiento de otras especies competidoras que toleran menos bien a los humanos que ellas y aumentan su actividad nocturna para evitarlos.

Por supuesto, el aumento de la actividad nocturna no es el único cambio que los animales realizan para evitar a los humanos. Otros cambios incluyen el aumento de tiempo de vigilancia y la reducción del tiempo de búsqueda de alimentos, lo que puede ejercer un impacto negativo en el éxito reproductivo de las especies.

En conclusión, los humanos nos hemos convertido, presuntamente, en una peste para el resto de los animales de la Naturaleza y estamos afectando al comportamiento de numerosas especies en todos los continentes. El problema es de tal magnitud que, en mi humilde opinión, no estamos lejos de convertirnos en una peste para nosotros mismos y, de no tomar medidas para controlar el empleo de los recursos del planeta, podemos poner el peligro tal vez nuestra propia supervivencia.

Referencia: Kaitlyn M. Gaynor et al. The influence of human disturbance on wildlife nocturnality. Science. 15 JUNE 2018 • VOL 360 ISSUE 6394, pp 1232.

22 de julio de 2018

NOMBRES, APELLIDOS Y DESIGUALDAD DE GÉNERO

Los profesionales nombrados por su apellido son juzgados como más ilustres, eminentes e importantes que los nombrados por su nombre de pila

CONFIESO QUE SER científico genera ciertas dificultades en la vida corriente. Cuando la mayoría de la gente abraza una opinión, el científico se preguntará: ¿dónde están los datos que la avalan? Esos datos no siempre existen, lo que en ocasiones coloca al científico en la difícil posición de verse confrontado a opiniones mayoritarias que, no obstante, no están de acuerdo con la realidad, opiniones a las que resulta difícil oponerse sin ser tachado, incluso (como me ha sucedido con el asunto de las antenas de telefonía móvil), de mal profesional. Sin embargo, la actividad científica nos ha enseñado que lo que parece evidente y es considerado cierto por una mayoría frecuentemente no lo es.

Uno de los asuntos polémicos para los que existe una opinión mayoritaria favorable es que en la sociedad occidental existe una desigualdad de género en detrimento de las mujeres. Sin duda, esta opinión sí parece estar avalada por datos claros. Los hombres ganan más que las mujeres en trabajos de idéntico nivel, y las mujeres siguen siendo minoría en puestos de gestión y responsabilidad, y también en determinados campos profesionales importantes, como la tecnología, la ingeniería y las matemáticas.

Si los datos indican un claro escenario de desigualdad, volvemos a adentrarnos en el área de las opiniones cuando intentamos atribuir una causa para esta situación. Algunos grupos atribuyen esta a una conspiración patriarcal universal (prácticamente todas las culturas estarían implicadas) en la que la mayoría de los hombres serían cómplices. Otros pueden apelar a que el sistema capitalista paga y promociona a cada cual de acuerdo con su valía para ese sistema (no necesariamente a su valía como persona), lo que resulta en la promoción preferente de los hombres en un mundo en el que reina la competitividad. Aún otros pueden apelar a desigualdades de educación o incluso a diferencias hormonales y genéticas entre los sexos, diferencias todas indudables de acuerdo con lo que sabemos hoy.

Sin embargo, es también posible que las desigualdades sean en parte debidas a interpretaciones sesgadas de la realidad que todos vamos aprendiendo de manera inconsciente a medida que nos adentramos en la sociedad y en la vida. Estas interpretaciones, a su vez, condicionarían la propia realidad social y la inclinarían hacia la desigualdad de género. Es posible, pero ¿dónde están los datos?

Afortunadamente, la ciencia también ha abordado esta cuestión y ha revelado hechos sorprendentes. Uno de los estudios desveló en 2012 que un idéntico curriculum científico (se trataba de un curriculum inventado) era evaluado mejor a la hora de competir por un trabajo como investigador si estaba asociado a un nombre de varón. Sorprendentemente, las científicas que evaluaron el idéntico curriculum también lo calificaron peor cuando se trataba de una mujer. El sesgo en contra de las mujeres era, por tanto, mostrado por las propias mujeres, incluso cuando estas sabían lo que les había costado alcanzar posiciones prominentes en instituciones científicas, posiciones que les otorgaban ahora el poder de evaluar a otros.

EL SESGO DEL APELLIDO ILUSTRE

Un nuevo estudio avala ahora la existencia de uno más de estos sesgos, probablemente inconscientes, que, seamos hombres o mujeres, todos podemos tener. Las científicas Stav Atir y Melissa Fergusson, de la Universidad de Cornell, USA, abordan el tema de cómo el género afecta a la forma en la que nos referimos y evaluamos a profesionales en distintas áreas.

Normalmente, cuando discutimos sobre el trabajo de algún profesional nos referimos a él por su apellido. No decimos "Charles desarrolló la teoría de la evolución", sino "Darwin desarrolló la teoría de la evolución". Como mucho, podemos usar el nombre y el apellido, pero nunca el nombre a secas. El nuevo ministro de ciencia en España es Pedro Duque. Nunca será ¡Pedro! (excepto si su apellido fuera Almodóvar, evidentemente).

Las doctoras Atir y Fergusson realizan ocho estudios que confirman que las personas se refieren a los profesionales varones por su apellido con una frecuencia dos veces superior a cuando el profesional es una mujer. Este sesgo aparece al analizar datos de archivo en los que, por ejemplo, alumnos

122

evalúan a sus profesores, o expertos hablan de diferentes personalidades en medios de comunicación. El sesgo aparece al hablar de cualquier profesional varón: médico, científico, escritor, etc.

Las investigadoras obtienen evidencia adicional de este sesgo solicitando a voluntarios que escriban un pequeño ensayo explicando su opinión sobre los logros de un científico de curriculum inventado por ellas. El resultado avala lo encontrado anteriormente, puesto que, si el científico era varón, la probabilidad de que se refirieran a él por su apellido era claramente superior.

Lo relatado hasta aquí no pasaría de la categoría de anécdota si no fuera por otro dato fundamental revelado por las autoras de los estudios. Los profesionales nombrados por su apellido son juzgados como más ilustres, eminentes e importantes que los nombrados por su nombre de pila. Así pues, la manera en que nos referimos a un profesional puede revelar ya un sesgo favorable o desfavorable hacia este, según sea hombre o mujer.

¿Qué razones podrían explicar este sesgo? Las autoras especulan con varias posibilidades. La primera es que el apellido suele estar más asociado con los hombres en muchas culturas, en las que las mujeres pierden su apellido cuando se casan. Además, mencionar el nombre es necesario para indicar que nos referimos a una mujer, porque, por defecto, el apellido suele referirse a un hombre.

Sea como fuere, estos estudios proporcionan evidencia científica sobre la existencia de insospechados sesgos de género, también entre las mismas mujeres. Será necesario un largo y paciente trabajo conjunto entre hombres y mujeres para identificarlos todos y conseguir acabar con ellos.

Referencia: Stav Atir and Melissa J. Ferguson. How gender determines the way we speak about professionals. www.pnas.org/cgi/doi/10.1073/pnas.1805284115.

29 de julio de 2018

¿HEMOS CONTAMINADO EL SISTEMA SOLAR CON VIDA?

Algunos microorganismos, sobre todo las esporas, son capaces de sobrevivir por un largo tiempo a los rigores del espacio exterior

CUANDO ME ENCONTRÉ por primera vez con la idea de la panspermia, mi reacción fue la incredulidad. La panspermia propone que la vida no surgió en nuestro planeta, sino que llegó a este proveniente de otros lugares de la galaxia. Este concepto fue inicialmente propuesto por el filósofo griego Anaxágoras, y rescatado después por eminentes científicos del siglo XIX. Sin embargo, no importa lo eminente que seas, siempre puedes creer en ideas descabelladas. Mientras no estén apoyadas por evidencia, las ideas son solo creencias sin fundamento.

Al hablar de panspermia no nos referimos a la presencia de moléculas orgánicas en múltiples lugares del universo. Estamos hablando de la posibilidad de que organismos vivos completos puedan sobrevivir a un largo viaje por el cosmos y colonizar otros planetas. A pesar de lo improbable que esto parece, la evidencia necesaria para hacer la panspermia creíble se ha ido acumulando poco a poco.

Tres series de experimentos realizados desde 2008 a 2015 en la Estación Espacial Internacional, en los que se expuso a la radiación solar y al vacío del espacio a una amplia gama de microorganismos y sus esporas, indicaron que algunos microorganismos, sobre todo las esporas, son capaces de sobrevivir por un largo tiempo a los rigores del espacio exterior. La supervivencia es aún mayor si los microorganismos se protegen introduciéndolos en materia similar a la propia de los meteoritos, que actúa como escudo frente a la radiación.

Para evitar la diseminación accidental de microorganismos terrestres por el sistema solar, que podría suceder si las sondas no tripuladas enviadas a otros planetas estuvieran contaminadas con microorganismos, los científicos someten a estas a un exhaustivo proceso de limpieza y esterilización antes de su lanzamiento. Los estudios realizados para evaluar la eficacia de este proceso indican que, en particular, las esporas que algunas especies de bacterias generan resisten a los procedimientos más agresivos. Esto invita a pensar que esas especies bacterianas resistentes podrían haber sido ya lanzadas al espacio con una o u otra sonda y, gracias a su resistencia, podrían haber acabado sobre la superficie de otro planeta, en particular de Marte, sin ir más lejos y, aunque es improbable, podrían haber comenzado a colonizarlo. Recordemos que hace muy poco se ha confirmado que Marte contiene agua en su subsuelo. Si Marte hubiera sido contaminado desde la Tierra, resultaría probablemente más complicado poder concluir que ha existido o existe vida independiente en dicho planeta si alguna vez en un lejano futuro fuera descubierta.

¿TENEMOS UN PROBLEMA? HOUSTON AL RESCATE

Conviene aquí explorar brevemente las extraordinarias propiedades de resistencia de las esporas bacterianas. Estas son una especie de minúsculas cápsulas que algunas bacterias generan cuando detectan que las condiciones del entorno no permiten su crecimiento. Las esporas son extremadamente resistentes a la radiación, a la desecación, al calor, a los desinfectantes químicos y a la trituración mecánica. Contienen elevadas cantidades de una sustancia particular, llamada ácido dipicolínico, la cual es capaz de capturar las moléculas de agua e impide que estas rompan los enlaces químicos que mantienen unidas a las "letras" del ADN. Si estas roturas suceden en las bacterias vivas, estas pueden reparar el daño, pero este daño no puede ser reparado en la estructura inerte de las esporas, en las que los procesos vitales han sido suspendidos. En este caso, es absolutamente fundamental evitar que el ADN se dañe, y eso es lo que las esporas consiguen.

Como ya he mencionado en varias ocasiones, todo en la vida posee una razón evolutiva, es decir, un factor que permite una mejor transmisión de los genes a las siguientes generaciones. Es posible que, en las duras y extremas condiciones de la Tierra primitiva, donde la temperatura era mucho más elevada y los cambios climáticos mucho mas drásticos que hoy, las bacterias que desarrollaron la capacidad de formar esporas fueran las únicas capaces de sobrevivir. Si esta idea es cierta, las bacterias que no forman esporas serían descendientes de las primeras, pero habrían perdido hoy esta capacidad al vivir en entornos menos severos en los que esta propiedad ya no es necesaria para su supervivencia.

Sea como sea, en la actualidad también está meridianamente claro que las capacidades de las células y los organismos dependen de los genes que estos poseen y de los genes que ponen en funcionamiento o apagan dependiendo de las condiciones a las que deben adaptarse. Por esta razón, científicos de la Universidad de Houston, Texas, USA, decidieron buscar qué genes poseen las especies bacterianas que sobreviven a los procedimientos de esterilización utilizados por la NASA, pero de los que carecen otras especies bacterianas que, aunque producen esporas, no son resistentes a esos procedimientos. De esta forma, tal vez se podrían producir moléculas que impidieran el funcionamiento de esos genes y convirtieran a las bacterias resistentes en bacterias sensibles a los procedimientos de esterilización.

Tras comparar varios genomas de ambos tipos de bacterias, los científicos descubren diez nuevos genes que se encuentran en las bacterias resistentes y no se encuentran en las bacterias sensibles. Esto no implica que alguno de esos genes sea el responsable de la resistencia, ya que las bacterias comparadas son también diferentes en otros aspectos, pero es un buen comienzo.

Estas investigaciones no solo son permitentes para eliminar a las bacterias que amenazan con invadir el espacio exterior adheridas a la superficie de nuestras sondas espaciales. Permiten también avanzar en la lucha contra esporas bacterianas que se ocultan en hospitales, residencias, y otros lugares en donde pueden encontrar a personas susceptibles de ser infectadas. La investigación sobre el espacio siempre revierte sobre la Tierra. Ojalá que este nuevo conocimiento permita pronto la generación de nuevas terapias para la lucha bacteriana.

Referencia: Madhan R. Tirumalai et al. (2018). Bacillus safensis FO-36b and Bacillus pumilus SAFR-032: a whole genome comparison of two spacecraft assembly facility isolates. BMC Microbiology. https://doi.org/10.1186/s12866-018-1191-y

5 de agosto de 2018

ANCESTROS DEL PAN

Los pueblos que habitaban esa región ya producían harina a partir de cereales hace alrededor de 23.000 años

ALGUNOS ALIMENTOS NOS han acompañado desde la prehistoria y han hecho historia. Quizá uno de ellos sea el vino, quizá otro sea la cerveza, pero sin duda el pan es uno de ellos. El pan transciende su importancia como un mero alimento en algunas culturas, en particular, en la cultura occidental, en la que muchos de sus miembros creen que puede convertirse, al menos de manera simbólica, en el cuerpo del hijo de Dios durante la celebración del sacramento de la Eucaristía.

El pan es un alimento tan importante que la palabra" pan" se ha convertido en una metáfora para la alimentación o la riqueza. "Traer el pan a casa", "pan y circo" (hoy, pan y fútbol), o "dame pan y dime tonto", son frases comunes en las que la palabra "pan" no significa en realidad el propio alimento, sino algo que lo transciende. Incluso la pasta que se usa sin fermentar en la generación de macarrones, espaguetis, etc., ha adquirido también otros significados. El que pregunta quién se llevó la pasta sin partirnos el pan no suele ser el panadero, precisamente.

A pesar de su importancia en las cocinas de más de medio mundo, el origen del pan no es conocido con certeza. Los primeros restos de pan que se descubrieron en yacimientos arqueológicos de Europa y el sudeste de Asia datan del Neolítico, una era prehistórica que comienza hace unos 10.500 años y que se caracteriza por el descubrimiento y la diseminación de la agricultura y la ganadería. Estos hallazgos hicieron suponer a los arqueólogos que el pan se inventó solo tras el inicio de la agricultura y, por tanto, es como máximo tan viejo como esta.

Sin embargo, otros hallazgos no concuerdan con esta idea. En el sudeste de Asia, región en la que los ancestros silvestres de algunos cereales domesticados, como el trigo o la cebada, siguen existiendo de forma natural, un grupo de investigadores descubrió que los pueblos que habitaban esa región ya producían harina a partir de dichos cereales hace alrededor de 23.000 años, es decir, en el Paleolítico. La práctica de recoger semillas y machacarlas rudimentariamente con piedras para convertirlas en harina parece, de acuerdo con estos datos, ser muy antigua. La generación de harina es, evidentemente, requisito indispensable para fabricar pan, pero hacer harina no implica necesariamente que se fabricara pan por aquella época.

PAN Y PROGRESO

No obstante, este y otros hallazgos condujeron a algunos a defender la idea de que el pan ya se fabricaba, si no hace 23.000 años, sí antes de que se descubriera la agricultura. De ser así, y esta es mi propia idea, tal vez la fabricación de pan a partir de cereales silvestres y su atractivo como alimento sencillo y nutritivo, fue la que estimulara el cultivo de los cereales, es decir, espoleara el inicio de la agricultura, no al revés. El pan podría haber sido así una fuente de progreso casi sin parangón para la Humanidad, porque conseguir alimento suficiente para la mayor cantidad posible de personas es lo que capacita la formación de sociedades complejas, las únicas que permiten el surgimiento de nuevas ideas y avances.

Aunque la fabricación del pan antes de la aparición de la agricultura es una posibilidad atractiva e incluso emocionante para quienes desean comprender los factores que desde el amanecer de los tiempos nos han conducido hasta el mediodía de la civilización, no se disponía de pruebas de que así fuera. Un grupo de arqueólogos, entre los que participan dos científicas españolas, Amaia Arranz Otaegui, actualmente en la Universidad de Copenhague, y Lara González Carretero, actualmente en la Universidad de Londres, han descubierto restos de pan en un yacimiento arqueológico localizado en el noreste de Jordania, llamado Shubaiqa 1, donde habitó un pueblo primitivo denominado Natufian. De acuerdo con los estudios realizados, los restos datan de hace entre 14.600 y 11.600 años, es decir, de al menos tres a cuatro mil años antes del inicio de la agricultura en esa región del planeta.

Evidentemente, para demostrar que los restos encontrados corresponden a migas de pan primitivas los científicos no pueden mordisquearlos y confirmar que se trata de pan. La arqueología, antiguamente, era realizada por exploradores o excavadores que, como Indiana Jones, se aventuraban por extraños y ocultos pasadizos, penetraban hondas grutas y, como mucho, se llevaban a la boca o a la nariz los restos hallados para averiguar de quién era la momia. Hoy, esa manera de hacer arqueología es tan obsoleta como los restos de pan primitivo descubiertos.

Los científicos deben identificar de manera fehaciente las características de la masa de harina primitiva. Es conocido que tras mezclar harina y agua se forman inicialmente en su interior minúsculas bolsitas de gas cuando la masa comienza a fermentar. Los científicos han adquirido un conocimiento profundo sobre la dinámica de esas bolsas al expandirse y unirse unas con otras cuando la masa crece y es finalmente cocida. Con este conocimiento, el análisis, por microscopia de barrido electrónico y otras sofisticadas técnicas modernas que Indiana Jones nunca imaginó, de los restos recogidos en los sitios donde los pobladores de esa zona mantenían los fuegos encendidos, demuestra que estos cocinaban pan. Los restos eran minúsculos, como era de esperar, miguitas de pan de solo unos pocos milímetros; no obstante, de un tamaño suficiente para poder determinar que se trata de restos de pan primitivo.

Estos nuevos descubrimientos tal vez no ayuden a curar enfermedades o a desarrollar nuevas tecnologías de la información, pero pueden ayudar sin duda a que respetemos y valoremos más lo que hace miles de años nuestros ancestros hicieron, aun sin saberlo, para impulsar el desarrollo de la Humanidad. Lo fabuloso es que lo que hagamos hoy, incluso también sin saberlo, puede tener un efecto similar en el futuro.

Referencia: Amaia Arranz-Otaegui et al. Archaeobotanical evidence reveals the origins of bread 14,400 years ago in northeastern Jordan. www.pnas.org/cgi/doi/10.1073/pnas.1801071115

12 de agosto de 2018

CÁNCER PARA CENAR

La vida moderna, particularmente en vacaciones, puede acarrear una serie de "obligaciones sociales" que podrían afectar a nuestra salud

POR SUERTE, SON muchos los factores que deben conjurarse para que un cáncer se declare. Algunos de ellos son necesarios, pero no bastan para que el cáncer crezca. Otros, aunque no son necesarios, pueden contribuir al crecimiento tumoral una vez un cáncer se ha iniciado.

Entre los factores necesarios, uno fundamental es la generación de mutaciones en ciertos genes (afortunadamente, no en cualquiera) que controlan el crecimiento celular. Estos genes pueden ser aquellos que aceleran el crecimiento, o aquellos que lo frenan. Una mutación que active a un gen de la primera clase (llamados oncogenes) resultará en un crecimiento celular más rápido. Una mutación que impida el funcionamiento de genes que frenan el crecimiento (los llamados genes supresores de tumores), también resultará en un mayor crecimiento tumoral.

Sin embargo, las células necesitan más que simples mutaciones para crecer. Una mutación puede permitir acelerar el crecimiento celular, pero para que las células crezcan necesitan también nutrientes en cantidades adecuadas. Si, por la razón que sea, las células que se han convertido en tumorales no pueden conseguir esos nutrientes, en un estado de crecimiento acelerado, pueden morir por desnutrición y el tumor no llegar a establecerse, a pesar de haber existido la mutación que lo podría haber permitido.

Igualmente, para poder establecer un tumor, las células tumorales necesitan escapar a la vigilancia del sistema inmune, que en condiciones normales siempre anda eliminando a las células que le resultan extrañas, como suelen ser las tumorales. Solo si las células tumorales son capaces de frenar la acción del sistema inmune, pueden establecer un tumor. Por fortuna, parece que esto sucede mucho menos frecuentemente que las mutaciones que podrían causar un cáncer.

Aún otro factor que puede influir en el desarrollo de un tumor es una perturbación en los normales ritmos circadianos, es decir, en los ritmos diarios que nuestro organismo sigue día y noche. Numerosos estudios médicos y científicos han comprobado que, si los ritmos circadianos no son respetados, por ejemplo, en el caso de trabajadores nocturnos expuestos a luz artificial y que deben dormir durante el día, la susceptibilidad a varias enfermedades aumenta. Estas enfermedades incluyen la obesidad, la diabetes de tipo 2, la enfermedad cardiovascular y también el cáncer. Y es que son muchos los genes cuyo funcionamiento obedece a un ritmo circadiano. Perturbar ese funcionamiento acarrea, a su vez, consecuencias para el buen funcionamiento de las células. La importancia de respetar los ritmos circadianos es tal que la organización mundial de la salud ha clasificado al trabajo nocturno como un probable carcinógeno, es decir, lo equipara a otros 81 agentes, la mayoría sustancias químicas, que pueden causar mutaciones en el ADN, y eso a pesar de que el trabajo nocturno no las causa por sí mismo.

PELIGROS DE LA VIDA MODERNA

La vida moderna, particularmente en vacaciones, puede acarrear una serie de "obligaciones sociales" que podrían afectar a nuestra salud. Salir hasta altas horas de la noche y dormir a deshoras, beber en exceso, comer alimentos insanos o cenar aún más tarde de lo que es habitual en España, probablemente el país en el que más tarde se cena del mundo, son actividades que pueden plantear un cierto riesgo para la salud, precisamente porque algunas de ellas violentan profundamente los ritmos circadianos.

Aunque existen estudios que apoyan lo anterior, hasta la fecha no se había realizado ninguno que estudiara los efectos de las cenas tardías, tan habituales en España, como he mencionado. Un numeroso grupo de investigadores de varias universidades españolas y una austriaca aborda ahora este asunto y realiza un estudio controlado en el que compara la incidencia de dos de los cánceres más importantes, el de próstata y el de mama, en personas que cenan justo inmediatamente antes de acostarse, y en personas que tardan al menos dos horas en acostarse después de cenar.

El estudio involucró a 872 varones y a 1.321 mujeres que nunca habían realizado trabajos nocturnos. Esto proporcionaba garantías de que estas personas no habían violentado demasiado ni con frecuencia sus normales ritmos circadianos. A los participantes se les realizó entrevistas para averiguar a qué hora cenaban, a qué hora se acostaban y también para clasificarlos de acuerdo a su cronotipo. El cronotipo es una característica de la personalidad, bajo una fuerte influencia de ciertos genes, por la que algunas personas prefieren levantarse pronto y acostarse también pronto (gorriones) mientras que otras prefieren acostarse tarde y levantarse también tarde (búhos). Por último, se estudió la incidencia de cáncer de próstata y de mama en las personas bajo estudio.

Los datos obtenidos indicaron que aquellas personas que se iban a dormir al menos dos horas tras la cena poseían un 20% menos de incidencia de cáncer de próstata o de mama. Muy interesante fue también el hecho de que aquellos que cenaban antes de las 9:00 pm en comparación con los que cenaban después de las 10:00 pm también vieron reducido en un 20% su riesgo de desarrollar cáncer, independientemente de la hora a la que se acostaran. El efecto protector de cenar pronto y acostarse al menos dos horas más tarde se vio incrementado en aquellas personas que seguían hábitos saludables para prevenir el cáncer, así como en quienes gozaban de un cronotipo gorrión.

Desde un punto de vista estrictamente científico, estos datos indican la importancia de considerar los hábitos de las personas en lo que a cenar e irse a dormir se refiere antes de extraer conclusiones sobre otros factores que también podrían incrementar el riesgo de cáncer. Desde un punto de vista pragmático, estos datos apoyan, bien es cierto que ahora de manera científica, lo que cualquier abuela sabe y dice a sus descendientes: para tener salud debemos seguir una vida ordenada, comer adecuadamente, cenar con moderación, no acostarse con la cena en la boca y dormir a sus horas.

Referencia: Kogevinas, M. (2018) Effect of mistimed eating patterns on breast and prostate cancer risk (MCC-Spain Study). Int. J. Cancer. doi: 10.1002/ijc.31649.

19 de agosto de 2018

GOLPE DE CALOR A LA EPIGENÉTICA DE LA OBESIDAD

Las condiciones en las que nacen los hijos suelen ser muy similares a aquellas en las que vivían sus padres cuando los concibieron

UNA PREGUNTA QUE posiblemente ha acompañado a la Humanidad desde que tuvo uso de razón es por qué cada uno es cada cual. A esta pregunta se han dado respuestas generalmente de origen espiritual, religioso o social: cada uno es como Dios lo ha hecho, es fruto del destino, del azar, de su personalidad, de su educación o falta de ella...

Hace poco más de un siglo, la ciencia aportó otro factor que contribuye a la respuesta: los genes. Hoy, nos guste o no, es evidente que las variantes de genes que hemos heredado de nuestros padres ejercen una influencia muy importante en cómo somos y en los efectos que el entorno en el que nos desarrollamos y vivimos ejerce sobre nosotros. La genética es parte de la respuesta a por qué cada uno es cada quien.

Mucho más recientemente, la ciencia ha aportado aún otro importante factor que contribuye a complicar la respuesta a esa incómoda pregunta: la epigenética. La epigenética es la parte de la genética que estudia los factores que, sin modificar la información almacenada en los genes, afectan a cómo y cuándo esta información se manifiesta en el mundo real. La información almacenada en los genes de nada sirve si no se traduce en una acción sobre el mundo exterior. Modificaciones químicas sobre el ADN, o sobre las proteínas que regulan su funcionamiento, afectan a que la información que contiene pueda ser expresada en forma de proteínas o de ARN. Cómo y dónde se producen esas modificaciones y cómo afectan al funcionamiento de los genes es el objeto de la epigenética.

Las modificaciones epigenéticas constituyen un punto adicional de control de la acción de los genes, un punto encaminado a que estos funcionen de manera más adecuada al entorno al que los organismos deben adaptarse tras su nacimiento. Muchas de estas modificaciones se producen en respuesta a las condiciones en las que los padres se encuentran en el momento de concebir a los hijos, y son transmitidas a estos de modo que los genes funcionen en ellos de una forma adaptada al entorno en el que los padres viven.

Sin duda, uno de los ingredientes más importantes de ese entorno es la disponibilidad o no de alimento adecuado. Varios estudios han demostrado que la cantidad de alimento de la que disponen los padres causa modificaciones epigenéticas que son transmitidas a los hijos de modo que ciertos genes funcionen para adecuar su metabolismo a las condiciones de disponibilidad alimenticia encontrada por los padres. Tiene sentido, porque normalmente las condiciones en las que nacen los hijos suelen ser muy similares a aquellas en las que vivían sus padres cuando los concibieron.

CONCEBIR EN FRÍO

Sin embargo, la disponibilidad de alimento no es el único factor que condiciona cómo debe regularse el metabolismo. Otro de estos elementos es la temperatura. Los animales, al nacer, y salir al siempre más frío mundo exterior que el útero materno, necesitan generar calor, o de otro modo perecerían. La generación de calor tras el nacimiento es un proceso fundamental para la supervivencia en la Naturaleza y este proceso depende de la presencia de una clase especial de tejido adiposo, llamado tejido adiposo marrón. Este tipo de tejido adiposo, en lugar de almacenar grasas, como hace el más conocido tejido adiposo blanco, las consume de manera acelerada para generar calor.

Las células adiposas blancas y las marrones se originan a partir de un mismo tipo de célula madre. Según las señales físicas o químicas que reciba esta, las células hijas que va a generar serán blancas, o serán marrones. Una de las señales de las que, lógicamente, depende esta decisión de la célula madre es la temperatura. Una temperatura fría estimula la generación de células hijas adiposas marrones, mientras que temperaturas templadas favorecen la generación de células hijas adiposas blancas.

Recientemente, se ha comprobado que la cantidad de tejido adiposo marrón con la que se nazca ejerce un importante efecto sobre la susceptibilidad al desarrollo de obesidad. Puesto que el tejido adiposo marrón quema las grasas, aquellos con mayor cantidad de este suelen ser más resistentes a ser obesos. Sin embargo, no se había estudiado todavía si la temperatura a la que están expuestos los padres cuando conciben a los hijos afecta a la cantidad de tejido marrón con la que nacen estos, y si esta cantidad depende o no de modificaciones epigenéticas en el ADN.

Para estudiar esta cuestión, un grupo de investigadores del Instituto de Alimentos, Nutrición y Salud de Zúrich, Suiza, someten a ratones a temperaturas frías o cálidas antes de la concepción. Lo que encuentran es que los descendientes de los padres, pero no de las madres, sometidos a bajas temperaturas antes de la concepción de sus hijos, generan una descendencia con un metabolismo mucho más resistente al desarrollo de la obesidad en la edad adulta. Los estudios revelan también que estos cambios se deben a modificaciones químicas, es decir, epigenéticas en ciertos grupos de genes, de los que ya era conocido influyen sobre el desarrollo del tejido adiposo marrón.

Los investigadores también estudian si niños nacidos con una mayor cantidad de tejido adiposo marrón fueron concebidos en una época fría y concluyen que esto es, en efecto, lo que sucede. Así pues, la temperatura a la que los padres, no las madres, están sometidos antes de la concepción ejerce una influencia importante sobre el metabolismo de la descendencia. Parece lógico pensar, aunque no está demostrado, que la localización más externa de los testículos, pero no de los ovarios, puede ser un factor que explique la diferencia entre padres y madres.

Es muy pronto para poder afirmar si sería conveniente concebir a los hijos en invierno, con un frío gonádico, y sin encender la calefacción durante unos días si queremos que estos no se conviertan en obesos. Desconozco si esto tendrá o no el efecto esperado, pero en todo caso, si decide intentarlo, procure no resfriarse el próximo invierno. Buena suerte.

Referencia: Wenfei Sun et al (2018). Cold-induced epigenetic programming of the sperm enhances brown adipose tissue activity in the offspring. Nature Medicine. https://doi.org/10.1038/s41591-018-0102-y

26 de agosto de 2018

UN NOVEDOSO APAGADO MOLECULAR CURATIVO

La célula no puede tener siempre ciertas proteínas activadas o de otro modo sus procesos vitales se descontrolarían

LA VIDA EN el interior de una de nuestras células es un continuo juego de encendidos y apagados moleculares que deben funcionar de manera coordinada. Los genes se activan, las proteínas se forman y se destruyen, las enzimas que hacen posible, mediante catálisis, las reacciones químicas del metabolismo se activan y se frenan. Todo esto sucede a la velocidad del rayo, miles de veces por segundo o aún más rápido. Fascinante.

Los encendidos y apagados de los procesos de la vida se pueden realizar de varias maneras, todas ellas relacionadas con modificaciones químicas reversibles de ciertas moléculas, en particular de las enzimas. Las más frecuentes e importantes de estas modificaciones químicas son las llamadas fosforilación y desfosforilación de las proteínas.

La fosforilación añade un grupo fosfato a ciertos aminoácidos de las proteínas. El grupo fosfato está formado por un átomo de fósforo en el centro rodeado por cuatro átomos de oxígeno. Este grupo químico posee dos cargas negativas. Al ser añadido a aminoácidos de las proteínas, nuevos enlaces químicos se crean o se destruyen, la forma de las proteínas cambia y eso conduce, en general, a su activación, es decir, a que puedan ahora hacer algo que antes no hacían, por ejemplo, catalizar una reacción química.

Las enzimas que hacen posible el proceso de fosforilación son llamadas cinasas o quinasas. El prefijo "cine" provienen del griego y significa mover, y de él derivan palabras como cinética, o cinemática, o cine. Las quinasas funcionan como herramientas especializadas que captan un fosfato y lo unen a las proteínas. Esto lo consiguen gracias a que poseen un centro activo, es decir, una zona de su superficie, similar a la que podría tener una llave inglesa, que encaja en una pieza particular (la tuerca) y permite apretarla. En este caso, el fosfato hace el papel de tuerca y el enzima, de llave inglesa. Existen cientos de quinasas en las células, cada una de ellas especializada en fosforilar a una o unas pocas proteínas, al igual que llaves inglesas de diversos tamaños están especializadas en apretar cada una a sus correspondientes tuercas.

Una vez fosforiladas, las proteínas suelen pasar al estado activo. Si esto sucede de manera descontrolada, como resultado de una mutación en el gen que produce la quinasa, puede generarse un cáncer. Algunos fármacos antitumorales impiden el funcionamiento de ciertas quinasas, con lo que las proteínas activadas por fosforilación que impulsan el crecimiento celular descontrolado son frenadas. Estos fármacos encajan solo dentro del centro activo de quinasas particulares (como si pusiéramos una goma u otro objeto solo dentro del hueco de la llave inglesa que impidiera que esta encajara en una tuerca de su talla). Por esta razón, estos fármacos no inhabilitan a todas las quinasas, lo que causaría la muerte de todas las células, tumorales o no.

FRENADA POR ELIMINACIÓN

La célula no puede tener siempre ciertas proteínas activadas o, de otro modo, sus procesos vitales se descontrolarían. Para frenar el funcionamiento de las proteínas activadas por fosforilación, una vez estas han ejercido su función, existen otros enzimas llamadas fosfatasas, las cuales separan de las proteínas el grupo fosfato añadido por las quinasas y las apagan, regresándolas a su estado inicial, inactivo.

El funcionamiento excesivo de las fosfatasas puede también, en algunas ocasiones, conducir a enfermedades. Una de estas clases de enfermedades es la causada por estrés celular frente a un exceso de síntesis de proteínas.

La velocidad de síntesis de proteínas depende del estado de activación de una proteína, llamada eIF2α. Cuando la célula está sometida a estrés, la síntesis de proteínas debe frenarse para permitir a la célula dedicar sus recursos a hacer frente al problema que causa el estrés. Este frenado se consigue, en este caso, mediante la fosforilación de eIF2α. Una vez resuelta la situación de estrés, la acción de una fosfatasa particular elimina el fosfato de esta proteína y permite que la síntesis de proteínas vuelva a su velocidad normal.

Sin embargo, algunas enfermedades están causadas por la acumulación de proteínas mal formadas como resultado de mutaciones en sus genes. Entre estas enfermedades se encuentra la enfermedad de Huntington, una enfermedad neurodegenerativa que conduce invariablemente a la muerte. En este caso, sería bueno frenar un poco la síntesis de proteínas para dar tiempo a que la célula elimine el exceso de proteína mal formada y evite su acumulación. Esto podría conseguirse si logramos mantener a la proteína eIF2α fosforilada por más tiempo, es decir, impidiendo que su fosfatasa particular le elimine el grupo fosfato.

Esto era fácil de decir, pero muy difícil de conseguir, porque el centro activo de las fosfatasas es menos selectivo que el de las quinasas y sirve para quitar el fosfato de muchas proteínas fosforiladas. Las fosfatasas podrían ser consideradas como llaves inglesas adaptables, que pueden soltar tuercas de diversos tamaños ajustando la talla del hueco en el que encaja la tuerca mediante el giro de un regulador. No podemos así bloquear el centro activo de estas enzimas con un fármaco, porque este fármaco bloquearía a las más de las 200 fosfatasas de la célula, lo que también conduciría a su muerte. Si queremos bloquear a una fosfatasa concreta, debemos impedir el funcionamiento correcto del regulador, de modo que este no permita que la fosfatasa se adapte a una talla de "tuerca" concreta, pero solo a esa.

Esto es lo que consiguen un grupo de investigadores británicos, los cuales, mediante el novedoso empleo de viejas técnicas, son capaces de identificar un fármaco que impide el funcionamiento de la fosfatasa de eIF2α. Este fármaco, administrado por vía oral a ratones con enfermedad de Huntington, fue capaz de disminuir la acumulación de la proteína mal formada que causa esta enfermedad y mejorar sus síntomas. Esperemos que pronto este fármaco esté disponible para los pacientes y también que esta nueva estrategia de investigación permita descubrir nuevos fármacos para impedir el funcionamiento de fosfatasas implicadas en otras enfermedades.

Referencia: Krzyzosiak et al., Target-Based Discovery of an Inhibitor of the Regulatory Phosphatase PPP1R15B, Cell (2018), https://doi.org/10.1016/j.cell.2018.06.030.

2 de septiembre de 2018

EL GEN DEL LENGUAJE NO ES TAL

No parece que un único gen sea responsable de una u otra capacidad humana

CONSIDERO QUE EL método científico es el único capaz de acercarnos a la Verdad y de poder comprenderla. Sin embargo, para que el método científico sea eficaz, es necesario también conseguir datos fiables, observaciones sólidas y poder realizar experimentos en buenas condiciones. De otro modo, la aplicación del método científico puede conducirnos a conclusiones erróneas sobre la realidad.

Afortunadamente, cuando esto sucede, tarde o temprano el propio avance de la ciencia acaba por corregir sus errores. Un ejemplo muy interesante de esto ha sucedido muy recientemente sobre uno de los genes tenidos como más importantes para nosotros, los humanos. No, no se trata del "gen del gusto", sino del llamado "gen del lenguaje".

La historia de este gen ha sido utilizada como ejemplo en numerosos libros de texto de biología para ilustrar la fuerza de la evolución. Yo mismo hablé de él, incluso en televisión, en el año 2002, cuando su descubrimiento se publicó (https://jorlab.blogspot.com/2002/09/geneticamente-hablando-hablando.html).

Recordemos brevemente lo que sucedió. La investigación arranca años antes con trabajos encaminados a descubrir qué errores genéticos poseía una familia, llamada K.E., algunos de cuyos miembros no podían producir un lenguaje comprensible, aunque no eran ni mudos ni retrasados mentales. El modo como esta discapacidad lingüística se heredaba indicó que el defecto se debía a un único gen, lo que era extraordinario. En efecto, investigaciones subsiguientes, ayudadas por una buena dosis de buena suerte, condujeron al descubrimiento del hoy famoso gen *FOXP2*.

El análisis de su secuencia en los miembros lingüísticamente discapacitados de la familia KE reveló que estos poseían una mutación en una de las dos copias. La mutación, que tan solo cambiaba un aminoácido por otro en la proteína producida, impedía que esta realizara su función, que no es otra que unirse al ADN de ciertos genes y ponerlos en funcionamiento.

Estudios subsiguientes demostraron que, además de estar involucrado en el desarrollo de ciertas áreas cerebrales y del pulmón, *FOXP2* está involucrado en el funcionamiento de genes que capacitan movimientos musculares rápidos, como los que son necesarios para producir el lenguaje oral. Ratones con una copia de *FOXP2* inhabilitada veían reducida su capacidad de generar vocalizaciones, lo que indicaba que incluso en estos animales *FOXP2* tenía que ver con la capacidad de comunicación oral.

Por su clara implicación en el lenguaje, los investigadores decidieron analizar la secuencia de este gen en veinte miembros de diferentes razas de la especie humana, aunque en esta muestra predominaba la raza blanca. También analizaron su secuencia en los simios superiores, chimpancé, gorila y orangután, así como en otros primates y en el ratón y rata de laboratorio.

BARRIDO GENÉTICO

La comparación de las secuencias reveló que todos los humanos, independientemente de su origen, poseían dos diferencias con respecto al resto de los animales, es decir, esas diferencias eran aparentemente exclusivamente humanas. Puesto que simios y primates son incapaces de hablar, se concluyó que esos cambios se habían producido recientemente y habían posibilitado la facultad de hablar solo a los humanos. Se supuso que la ventaja que esta nueva capacidad aportó a los primeros individuos con estas dos mutaciones fue tal que, en relativamente poco tiempo, toda la población humana adquirió esta variante del gen *FOXP2*. Se había producido un *barrido genético* en la población humana, de modo que los descendientes de quienes primero tuvieron esas mutaciones habían barrido del planeta a todos los demás. Toda la Humanidad descendía, de hecho, de ellos.

El primer problema que sufrió esta bonita idea de un gen que nos hace humanos surgió en 2008, cuando se demostró que los Neandertales también poseían la misma variante de *FOXP2* que poseemos los humanos. Eso indicaba que esta variante apareció hace al menos 700.000 años, antes de la separación de humanos y Neandertales. En 2009, científicos que habían contribuido al descubrimiento original publicaron nuevos datos que indicaban que el supuesto barrido genético no parecía ser tan prominente como se pensaba inicialmente. Esto inició un debate científico que ha llegado hasta nuestros días.

Ahora, un grupo de científicos de varias universidades estadounidenses decide analizar con los mismos métodos estadísticos empleados en el estudio original la mucha mayor cantidad de datos de secuencia génica de *FOXP2*, obtenidos de cientos de personas. En particular, incluyen a mucha mayor cantidad de personas de origen africano, ya que es en África dónde el *Homo sapiens* apareció como especie de homínido independiente. El análisis revela que las poblaciones asiáticas y europeas sí poseen los dos cambios, pero no sucede lo mismo con la población africana, que posee también otras variantes del gen *FOXP2*, lo cual no parece afectar a la capacidad lingüística de los africanos.

Estos nuevos datos no quieren decir que *FOXP2* no afecte a la capacidad humana de producir lenguaje, o la capacidad de generar vocalizaciones de otros animales, pero sí indican que, además de este gen, otros genes que pueden interaccionar con él están también implicados en el lenguaje. En otras palabras, determinadas variantes de *FOXP2* pueden interaccionar mejor con determinadas variantes de otros genes y conducir a la generación normal del lenguaje. Si la combinación de variantes es la correcta, no hay problemas en la capacidad lingüística.

¿Por qué las poblaciones asiáticas y europeas poseen la misma variante de *FOXP2*? La respuesta más probable es que estas poblaciones descienden de solo unos pocos humanos que, como sucede hoy con trágica frecuencia, pasaron de África a Eurasia. Estos escasos individuos fundadores, por casualidad, poseían la misma variante de *FOXP2*. De esos pocos emigrantes africanos descendemos la totalidad de los europeos y asiáticos.

No hay duda de que nuestros genes son los que nos hacen humanos. No obstante, no parece que un único gen sea responsable de una u otra capacidad humana. Al contrario, convertirnos en humanos fue un trabajo que los genes realizaron en equipo a lo largo de la evolución.

Referencia: E.G. Atkinson et al. No evidence for recent selection at FOXP2 among diverse human population. Cell. Vol. 174, August 2, 2018. https://doi.org/10.1016/j.cell.2018.06.048

9 de septiembre de 2018

CINCO PREGUNTAS Y RESPUESTAS SENCILLAS SOBRE LAS VACUNAS

¿QUÉ ES UNA VACUNA?

- UNA VACUNA ES un método preventivo basado en los mecanismos naturales del sistema inmunitario para estimularlo en la defensa contra un microrganismo patógeno antes de que este pueda hacernos daño.
- El sistema inmunitario es un sistema de reconocimiento, tolerancia a lo propio y defensa contra microrganismos parásitos extraños. Está compuesto por células que durante el desarrollo y crecimiento han sido seleccionadas para tolerar nuestros propios componentes moleculares, y para detectar componentes moleculares extraños y atacarlos.
- Cuando estos componentes extraños son detectados, se ponen en marcha mecanismos de defensa que incluyen la búsqueda, captura, ingestión y digestión de los microrganismos, la fabricación de anticuerpos, que son secretados a la sangre y se adhieren a los microrganismos y los neutralizan o ayudan a su eliminación y, por último, la activación de linfocitos especializados en inducir la muerte de células infectadas por virus, que no pueden controlarse sino evitando que estos se reproduzcan en el anterior de las células infectadas, y por esta razón son estas las que deben ser destruidas.
- Las vacunas utilizan componentes moleculares aislados de los microorganismos, o microorganismos muertos, junto con otras moléculas que estimulan la puesta en marcha de los mecanismos de defensa inmunitarios. Ponen en marcha, además, la generación de células inmunes memoria, que recuerdan las características moleculares de la vacuna y si las vuelven a encontrar, lo que sucederá si se encuentra el patógeno contra el que se vacuna, se pondrán en marcha muy rápidamente para evitar la infección.
- Existen 26 vacunas aprobadas para su uso en humanos, de acuerdo con la OMS. Muchas de las enfermedades que evitan son mortales y todas son graves.

- La palabra "vacuna" deriva de "vaca", Esto es así porque en los inicios de la vacunación, allá por 1798, el virus de la viruela de la vaca podía ser inoculado a humanos y esta inoculación protegía contra el virus de la viruela humana.
- Gracias a la vacunación generalizada se han podido erradicar enfermedades tan graves como la viruela; se está cerca de erradicar la poliomielitis; y ha disminuido de manera brutal la incidencia de otras enfermedades infecciosas muy importantes como el sarampión la tosferina, etc.

¿Puede una vacuna causar daño?

- Un fenómeno que me atrevo a decir la mayoría de la gente no conoce es que cuando sufrimos una enfermedad, como, por ejemplo, un catarro o una gripe, la enorme mayoría de los síntomas están causados no por el microrganismo que nos infecta, sino por la actividad del sistema inmunitario.
- La fiebre, la generación de mucosidad, el dolor... son causados porque nuestro sistema inmunitario se activa para hacer frente a la amenaza.
- Por consiguiente, cuando vacunamos a un niño o niña, si la vacuna funciona adecuadamente, activará al sistema inmune y causará algunos de los síntomas de una enfermedad infecciosa. Esto no debe preocuparnos sino, al contrario, es signo de que la vacuna está siendo eficaz.
- Afortunadamente, como en este caso no se está reproduciendo un microrganismo en el cuerpo, no hay una híper activación del sistema inmunitario y los síntomas son moderados, mucho menores que los que causaría haber contraído la enfermedad contra la que se vacuna. A pesar de eso, la vacuna nos protegerá de la enfermedad igual o mejor que si la hubiéramos superado, pero sin los riesgos y secuelas que pasar una enfermedad conlleva.
- En algunas ocasiones, sin embargo, podríamos tener una reacción alérgica a alguno de los componentes de la vacuna, que se produciría con mayor facilidad a partir de la segunda o tercera dosis de recuerdo de la vacuna, no en la primera vacunación. Esta reacción inmunitaria no sería parte de la inmunidad protectora y podría causar serios problemas de no ser controlada. No obstante, esto es

muy raro que suceda y, si sucediera, contamos con medios adecuados en centros de salud y hospitales para controlar la reacción alérgica.

- No parece, en cambio, que las vacunas puedan causar daño no relacionado con la actividad normal del sistema inmune, como causar autismo, u otros problemas.

- También es cierto que algunos productos usados como conservantes de las vacunas podrían resultar dañinos, pero no se ha demostrado nunca daño alguno causado por las bajas dosis de esos productos empleadas en las vacunas. Además, gracias al seguimiento que se realiza de las personas vacunadas, que son cientos de millones cada año millones, si se hubiera detectado un problema grave lo sabríamos.

EN OCASIONES SE ADMINISTRAN VARIAS VACUNAS AL MISMO TIEMPO. ¿PUEDE ESO SER PERJUDICIAL?

- No. De hecho, el sistema inmune está diseñado de modo que son células individuales e independientes las que detectan patógenos extraños diferentes. Por tanto, no hay competición entre las células inmunes por las diferentes sustancias propias de una vacuna combinada. Al contrario, los mismos mecanismos de activación puestos en marcha por los componentes de la vacuna combinada van a activar a todas esas células inmunes, por lo que nos evitamos tenerlos que activar de nuevo con cada vacuna si estas se administraran de manera individual.

¿POR QUÉ ENTONCES SI LAS VACUNAS SON TAN BENEFICIOSAS Y SEGURAS SE HA PRODUCIDO EL MOVIMIENTO ANTIVACUNAS?

- No hay una sola respuesta para esta pregunta, pero sí hay varios factores que pueden explicarlo.

- El primero es la publicación, en 1998, de un estudio realizado con solo 12 niños, que indicó que las vacunas causan autismo. El estudio nunca pudo ser confirmado con mayor número de niños y fue posteriormente retirado, pero la publicidad que se le dio ha perdurado hasta hoy. Consideremos que más de 116 millones de niños son vacunados cada año. Si las vacunas causaran autismo u otros problemas, lo sabríamos.

- Se sabe que el estudio estuvo financiado por un abogado que tenía interés en demostrar que el autismo era un efecto de la vacuna porque de este modo podía pedir indemnizaciones millonarias a las farmacéuticas para los afectados por autismo que habían sido vacunados. Esto ha causado mucha enfermedad y dolor a las personas que han dejado de vacunarse y de vacunar a sus hijos.

- Otro factor puede ser el hecho de que ya no vemos a personas enfermas a nuestro alrededor, gracias precisamente a la vacunación. Durante mi vida escolar, era común ver a otros niños que habían sido afectados por la viruela o la poliomielitis. La amenaza de sufrir una enfermedad grave, incluso mortal, estaba siempre presente. Hoy, gracias a la vacunación, esa amenaza ha desaparecido, lo que da la impresión de que vacunarse ya no es necesario.

- Aún otro factor es un movimiento contra las "farmacéuticas" que son percibidas por algunas personas como abusivas o faltas de ética, motivadas solo por el objetivo de ganar más y más dinero, engañándonos aun a costa de nuestra salud, y que no dudan en hacernos creer que un medicamento o una vacuna es necesario. cuando no lo es. En vista a las contribuciones a la salud de muchas compañías farmacéuticas, creo que esa afirmación es injusta.

- Aún otro factor es la falta de cultura científica y la falta de apreciación por lo que la ciencia ha sido capaz de aportarnos durante el desarrollo de nuestra moderna civilización. Esta situación potencia a las pseudociencias y a personas que sí pueden pretender engañarnos con ideas que no tienen sentido si tenemos en cuenta lo que, gracias a tanto esfuerzo, tantos sueños, tanta dedicación por parte de miles y miles de científicos, hemos conseguido conocer y hacer.

- No obstante, aunque pueda ser verdad que algunas personas pretendan manipularnos para conseguir nuestro dinero, por ejemplo, el abogado corrupto que financió el estudio de las vacunas y el autismo, creo que la enorme mayoría de los que defienden las vacunas, la enorme mayoría de los que se oponen a ellas, y todos los padres y madres, comparten un objetivo honesto y loable: **la salud de sus hijos**.

- Creo que es fundamental que cuando vayamos al médico tengamos esta idea clara. No creo que haya un profesional de la sanidad en el mundo que no pretenda aumentar o preservar la salud de sus pacientes, y esto es aún más cierto, creo, cuando los pacientes son niños.

- Los profesionales de la salud, los pediatras, conocen perfectamente bien la importancia de la vacunación, saben de los horrores que la Humanidad sufrió cuando las vacunas no existían, conocen cómo funcionan las vacunas, saben cómo controlar los riesgos si se produce algún problema. En resumen, saben que las ventajas y beneficios de vacunarse son muy superiores a los riesgos, y saben que los riesgos de no vacunarse son muy superiores a los riesgos de vacunarse. Si perseguimos la salud de nuestros hijos, si queremos estar seguros de que podrán crecer fuertes y sanos, creo que vacunarlos es imprescindible.

- Además, vacunándonos todos hacemos un bien social, porque al protegernos nosotros evitamos contagiar a los demás, que pueden ser más vulnerables que nosotros, como niños demasiado pequeños para ser vacunados o ancianos que tienen un mayor riego de contraer infecciones, o personas en tratamiento médico que pueden estar inmunodeprimidas. Vacunarse también previene la expansión de bacterias resistentes a los antibióticos, ya que estos solo son utilizados si nuestro sistema inmune no puede vencer solo a una infección.

¿QUÉ SUCEDERÍA SI TODOS DEJÁRAMOS DE VACUNARNOS?

- Los microrganismos que causan las graves enfermedades que las vacunas previenen no han sido erradicados Siguen infectando a quienes por desgracia viven en países en los que la vacunación no es universal, y algunos pueden seguir latentes incluso en personas vacunadas en las que la enfermedad no se manifiesta por esa razón.

- Considerando la enorme movilidad de las poblaciones que se produce hoy con la emigración, el turismo, etc., si dejáramos de vacunarnos probablemente el mundo entero conocería grandes epidemias de enfermedades hoy ya muy raras con una intensidad como la que nunca se habría producido antes en la historia.

10 de septiembre de 2018

CUANDO TAU DICE CÓMEME

Estas señales han recibido el nombre coloquial de "señales cómeme"

CONOCER LA CAUSA de las enfermedades es siempre un paso que ayuda a conseguir una cura. Sin embargo, para conseguir la buscada cura, no solo es necesario conocer la causa de la enfermedad; es también necesario comprender el mecanismo por el que la causa actúa. Llegar a averiguar esto último es, probablemente, uno de los desafíos más difíciles de la investigación en biomedicina, ya que normalmente requiere de la realización de conexiones conceptuales en múltiples áreas del conocimiento biomédico.

Las enfermedades neurodegenerativas están caracterizadas por la muerte de determinadas neuronas. La enfermedad de Alzheimer y la enfermedad de Parkinson son dos conocidos ejemplos, aunque no los únicos. Estas dos enfermedades pertenecen a una clase particularmente importante de neuropatologías: las llamadas tauopatías, las cuales no son otra cosa que enfermedades causadas, al menos en parte, por la acumulación anormal de la proteína que recibe el nombre de tau.

Tau es una proteína necesaria para las células porque estabiliza los denominados microtúbulos, unas estructuras celulares en forma de finísimos tubos. Los microtúbulos son fundamentales para la organización y funcionamiento de las neuronas y de otras células, ya que forman parte del citoesqueleto, es decir, del andamio molecular interno que mantiene la forma de las células. Este andamio es particularmente importante para mantener la forma de los axones y dendritas, necesarios para las conexiones neuronales.

Mutaciones en el gen que produce la proteína tau pueden conducir a la formación de filamentos anormales de esta proteína. Es bien conocido que estos filamentos están asociados con la muerte de las neuronas, es decir, allá donde aparecen estos filamentos la muerte neuronal es más intensa. No obstante, asociación no quiere decir que exista una relación causa-efecto. Para probar esta relación es necesario confirmar que existe algún proceso molecular por el cual la acumulación de proteína tau causa la muerte de las neuronas.

Un grupo de investigadores de las universidades de Cambridge, en el Reino Unido, y de Indiana, en EE. UU., llevan varios años estudiando este problema. Parece que finalmente han obtenido la solución, que han publicado recientemente en la revista *Cell Reports*. Veamos los obstáculos que han tenido que superar los investigadores para lograr este importante objetivo.

En primer lugar, los científicos tuvieron que inventar un método para detectar los filamentos de la proteína tau de manera eficaz y segura. Una vez conseguido esto, analizaron la localización de estos filamentos en neuronas de ratones de laboratorio que tenían el gen tau mutado y formaban estos filamentos de manera más intensa de lo normal, lo que también les conducía a sufrir enfermedades neurodegenerativas a una edad temprana de sus vidas.

CANIBALISMO CELULAR

Gracias a este nuevo método, los investigadores pudieron observar que la formación de filamentos de tau conducía a la eliminación de las neuronas de una manera inexorable, aunque lenta. Sin embargo, estas células no mostraban signos de muerte celular programada, un tipo de muerte autónoma y automática que las células utilizan para "suicidarse" cuando detectan que no cuentan con los recursos necesarios para seguir con vida, o cuando pueden suponer un riesgo para las demás células del organismo, por ejemplo, en los primeros pasos de una transformación tumoral.

Dar la vida por otras células del organismo es un gran gesto, aunque solo sea un gesto automático y molecular, pero también lo es enviar señales, de nuevo moleculares, a células centinela para hacer posible ser eliminadas por estas. Las células centinela son células fagocíticas, es decir, se comen a células dañadas, así como a microorganismos que pueden causar una infección. El cerebro contiene numerosas células centinela. Estas células pertenecen al sistema inmune que vela por la salud del cerebro y se dedican a fagocitar y eliminar sustancias de deshecho y células muertas o dañadas.

Por las razones anteriores, los investigadores enfocan su atención en estudiar si las células centinela pudieran ser las responsables de la eliminación por fagocitosis de neuronas con filamentos de la proteína tau.

Para ello, lo primero que estudian es si las neuronas con filamentos de esta proteína emiten las señales moleculares para indicar que están dañadas y deben ser fagocitadas. Estas señales han recibido el nombre coloquial de "señales cómeme" y están constituidas por moléculas que indican que la célula está dañada, y también por moléculas que ayudan a las células centinela a llevar a cabo la fagocitosis. En otras palabras, las células que indican que deben ser fagocitadas no solo se muestran apetecibles para ser comidas, sino que incluso proporcionan "cuchillo y tenedor" moleculares para que la célula fagocítica pueda llevar a cabo su tarea más cómodamente.

Los estudios realizados por el equipo de investigadores muestran que esto es lo que sucede. Las neuronas enfermas con inclusiones de filamentos tau modifican su membrana de modo que muestran una molécula que las células sanas guardan enérgicamente en su interior. Esta molécula mostrada en la membrana constituye una señal para activar la fagocitosis por las células centinela. Al mismo tiempo, las neuronas enfermas igualmente producen moléculas que ayudan a su propia fagocitosis.

Estos estudios indican, por tanto, que no es la acumulación de la proteína tau la que causa la neurodegeneración de manera directa, sino que es el propio proceso de defensa del cerebro frente a neuronas dañadas, pero que aún funcionan, el que puede acelerar la muerte neuronal. Este nuevo conocimiento abre la puerta a la investigación de nuevos tratamientos farmacológicos que disminuyan la fagocitosis mientras se encuentra un medio de detener la agregación en filamentos de la proteína tau. Esperemos que esta investigación dé pronto buen fruto.

Referencia: Brelstaff et al., Living Neurons with Tau Filaments Aberrantly Expose Phosphatidylserine and Are Phagocytosed by Microglia, Cell Reports (2018), https://doi.org/10.1016/j.celrep.2018.07.072

16 de septiembre de 2018

EL NACIMIENTO DE LUCA

El árbol de la vida sigue sin conocerse con certeza

DESDE QUE DARWIN publicó su famosa obra *El origen de las especies*, la inmensa mayoría de la comunidad científica aceptó que, tal y como él postulo, todos los seres vivos hoy presentes en el planeta derivan de un ancestro común. Este ancestro común no es necesariamente un solo organismo, sino una población de organismos de la misma especie. Igualmente, el ancestro común tampoco es el primer organismo vivo que surgió sobre la Tierra, sino simplemente el único que sobrevivió de todos los que pudieron surgir, y del cual derivan, derivamos, los demás. Este ancestro común universal ha recibido el nombre de LUCA, por sus siglas en inglés (*Last Universal Common Ancestor*).

La idea del ancestro común, no obstante, se tambaleó fuertemente cuando, en 1977, Carl Woese y sus colaboradores desvelaron al mundo que no todas las bacterias eran de la misma clase, sino que estaban divididas en nada menos que dos dominios diferentes de organismos vivos. Hasta ese momento, se creía que solo existían dos dominios de organismos: los procariotas (bacterias), compuestos por células sin núcleo, y los eucariotas, compuestos por células con núcleo. La para entonces nueva técnica de secuenciación de ácidos nucleicos permitió a Woese y a su equipo secuenciar el ácido ribonucleico (ARN) de los ribosomas de numerosos procariotas y comparar sus secuencias. El ARN ribosómico es fundamental para la producción de proteínas y debe ser conservado a lo largo de la evolución. Los datos de Woese y su equipo indicaron con claridad que los procariotas estaban divididos en dos dominios diferentes: las bacterias propiamente dichas, y las que pasaron a denominarse arqueas.

Estudios subsiguientes indicaron que bacterias y arqueas son realmente diferentes en numerosos e importantes aspectos de su genética y de su metabolismo. Por ejemplo, los lípidos utilizados por las bacterias (y también por los eucariotas) para fabricar las membranas celulares contienen los conocidos ácidos grasos de cadena simple y glicerol en una de sus variantes, unidos por enlaces químicos de tipo éster. Las arqueas no utilizan ácidos grasos, sino derivados de isopreno que producen cadenas con ramificaciones. Por si esto fuera poco, utilizan la otra variante del glicerol, que es la imagen especular de la variante que usan bacterias y eucariotas. Las moléculas que son imagen especular una de la otra requieren de un conjunto diferente de enzimas para su generación y su gestión, es decir, los genes que producen estos enzimas son diferentes y no están relacionados entre sí.

Otra importante diferencia se encuentra en las diversas variaciones metabólicas que emplean bacterias y arqueas para generar su energía. Solo algunas arqueas, pero no las bacterias, son metanógenas, es decir, generan metano como producto de desecho de su metabolismo, y lo hacen en entornos estrictamente carentes de oxígeno, como el interior de los estómagos e intestinos de los rumiantes. La generación de metano por estos animales contribuye de manera muy importante al efecto invernadero, ya que una vaca puede producir 600 litros de metano al día y la capacidad de efecto invernadero de este gas es unas veinte veces superior a la del dióxido de carbono.

EN BUSCA DEL LUCA PERDIDO

Curiosidades al margen, la diferencia entre arqueas y bacterias, y los eucariotas, los cuales derivaron de una simbiosis entre ambas, (la mitocondria proviene de una bacteria y el resto de la célula eucariota, de una arquea), espoleó la investigación para intentar conseguir evidencia sobre la existencia de LUCA. En el año 2010, el científico Douglas L. Theobald publicó los resultados de una prueba metodológica desarrollada por él, la cual, gracias al análisis de secuencias génicas muy conservadas durante la evolución en los tres dominios de la vida, determinaba de manera cuantitativa la probabilidad de la existencia de LUCA. Sus resultados apoyaban con firmeza la idea de que, en efecto, LUCA existió.

Sin embargo, sigue sin establecerse con certeza el árbol de la vida, del que LUCA forma el tronco, y la escala temporal de la aparición de las diversas ramas. ¿Cuándo surgió la vida en la Tierra? ¿Cuándo surgió LUCA? ¿Cuándo este, por evolución, dio lugar a los dos primeros dominios de la vida, bacterias y arqueas? ¿Cuándo una especie de bacteria y otra de arquea se combinaron en simbiosis para dar lugar al primer eucariota? Las respuestas a estas preguntas continúan siendo debatidas.

Un grupo de investigadores de la Universidad de Bristol, en el Reino Unido, se ha embarcado recientemente en esta interesante, aunque ardua, tarea. Para ello, utilizan los últimos datos sobre los restos fósiles más primitivos conocidos, emplean datos geoquímicos de datación de esos microfósiles y, con estos, realizan un calibrado más preciso del "reloj evolutivo". Este reloj indica el tiempo transcurrido desde que dos organismos divergen basándose en las diferencias genéticas de sus genomas. La gran cantidad de datos de secuencia genómica de la que se dispone hoy permite también establecer relaciones más seguras entre los organismos.

Los investigadores indican que LUCA apareció hace casi 4.500 millones de años, es decir, poco tiempo tras la colisión planetaria que formó la tierra y la luna y que supone el tiempo cero para el origen de la vida en nuestro planeta. Según estos científicos, el bombardeo tardío pesado, un evento que sucedió hace unos 3.900 millones de años en el que numerosos asteroides y cometas bombardearon los planetas interiores del sistema solar, no fue capaz de extinguir la incipiente vida sobre la Tierra. Los dos dominios primigenios de la vida, las bacterias y las arqueas, aparecieron mucho más tarde, hace 3.500 millones de años. Finalmente, los eucariotas aparecen hace unos 1.800 millones de años, bastante más tarde que la fotosíntesis y que el oxígeno se acumulara en la atmósfera, lo que indica el novedoso hecho de que no fue solo esta acumulación lo que espoleó su aparición, como se creía hasta ahora.

Queda aún mucho por perfilar y descubrir sobre la historia de la vida en la tierra. Sin duda este apasionante tema promete nuevas sorpresas en un futuro no muy lejano.

Referencia: Holly C. Betts et al. (2018). Integrated genomic and fossil evidence illuminates life's early evolution and eukaryote origin. https://doi.org/10.1038/s41559-018-0644-x

23 de septiembre de 2018

CRUZANDO LA FRONTERA ENTRE DOMINIOS DE LA VIDA

Los lípidos que constituyen las membranas de bacterias y de arqueas son muy diferentes

HACE POCO, HABLABA de nuevos datos que apuntaban firmemente a la existencia de un ancestro universal, denominado LUCA, por sus siglas en inglés. LUCA podría ser la última población de organismos idénticos de la que derivaron los tres dominios de la vida: las bacterias y las arqueas, que son procariotas (células sin núcleo), y los eucariotas (células con núcleo).

Aunque el origen de los eucariotas parece provenir de la unión simbiótica de una bacteria con una arquea, mucho más oscura es la razón de la separación entre estas a partir de LUCA, sin la cual ninguna planta y animal eucariota existiría. Según las más recientes estimaciones, esta separación sucedió hace 3.500 millones de años, cerca de mil millones de años tras la aparición de LUCA.

La separación de LUCA en dos dominios independientes de la vida dista mucho de ser explicada y algunos misterios de los que está rodeada plantean preguntas fundamentales sobre la evolución y el origen de la vida. Uno de estos misterios es la llamada división lipídica entre bacterias y arqueas.

Los lípidos son componentes fundamentales de las células, de hecho, permiten la separación entre la vida y la no-vida. La vida transcurre gracias a los procesos bioquímicos que suceden en el interior de la membrana lipídica, mientras que todo lo que se encuentra fuera de esa membrana constituye el domino de lo no vivo. La generación de la energía química, en forma de la molécula de adenosín trifosfato (ATP), que posibilita los procesos metabólicos, tiene lugar también gracias a las membranas lipídicas. Estas funcionan, en este caso, a modo de presas hidráulicas para los iones de hidrógeno, y su paso a favor de gradiente a través de ellas es lo que proporciona la energía para mover los motores moleculares que fabrican el ATP.

Pues bien, los lípidos que constituyen las membranas de bacterias y de arqueas son muy diferentes, de ahí la separación lipídica. Las bacterias utilizan la misma clase de moléculas lipídicas que los eucariotas: los conocidos triglicéridos y fosfolípidos. Para ello, emplean una de las formas de la molécula de glicerol (también llamada glicerina) a la que unen ácidos grasos lineales (como los omega tres) mediante unos enlaces químicos de tipo éster. Las arqueas, en cambio, utilizan la otra forma de la molécula de glicerol a la que unen moléculas grasas atípicas, derivadas del isopreno, mediante enlaces éter, que son más resistentes. Lo sorprendente es que las dos formas diferentes, pero químicamente idénticas, del glicerol usadas por bacterias y arqueas son imágenes especulares la una de la otra. Se dice, por ello, que la molécula de glicerol es quiral, palabra que deriva del griego y que significa "mano".

EXPERIMENTOS CON MANO IZQUIERDA

No es conocido con certeza por qué los seres vivos han "escogido" en general una de las formas quirales de las moléculas fundamentales de la vida. Así, en todos los seres vivos los aminoácidos son de la variante L (izquierda), pero los azúcares son de la variante D (derecha). Podría ser al revés, pero es al derecho.

Sin embargo, bacterias y arqueas son diferentes en la molécula de glicerol que emplean para fabricar sus lípidos de la membrana. Las bacterias emplean la forma D, pero las arqueas emplean la forma L. Esto ha dejado patidifusos a los científicos que estudian la evolución molecular y el origen de la vida.

No es de extrañar, porque usar moléculas de una u otra quiralidad supone tener que haber generado en la evolución enzimas también de una u otra quiralidad. Si pretendo cubrir mi mano izquierda, necesito un guante izquierdo y, por muy guante que sea, el derecho no me sirve. En efecto, bacterias y arqueas cuentan con enzimas "guante" para la generación de lípidos a partir de su variante quiral concreta de glicerol, las cuales, atención, no están relacionadas genéticamente entre sí.

Lo anterior aumenta el misterio de su origen a partir de LUCA. Una hipótesis que se postuló para intentar explicarlo fue que LUCA contaba con todas las enzimas para generar lípidos con las dos moléculas de glicerol, la L y la D. Sin embargo, se comprobó en el laboratorio que la mezcla de lípidos quirales parece generar membranas inestables. Por ello, la hipótesis mantiene que finalmente LUCA generó bacterias y arqueas y cada una se llevó una de las variantes enzimáticas originales de LUCA para producir los lípidos, lo que condujo a la generación de membranas estables.

Aunque resulta difícil de comprender cómo LUCA pudo sobrevivir mil millones de años con membranas inestables, esta hipótesis resulta atractiva, pero es muy difícil de probar. No podemos viajar al pasado para comprobar si LUCA podía generar o no los dos tipos de lípidos. Sin embargo, gracias a las herramientas de la biología molecular, es posible generar ahora bacterias que también contengan los genes de las arqueas para que puedan así producir lípidos de las dos clases, y comprobar si estos microrganismos híbridos son capaces o no de crecer y sobrevivir.

Esto es lo que ha hecho un grupo de investigadores de la Universidad de Groningen, en Holanda. Los científicos introducen los genes de las arqueas para la generación de lípidos en la bacteria *Escherichia coli* y analizan la composición de sus membranas y la capacidad de crecer de este nuevo organismo híbrido.

Los investigadores encuentran que estas bacterias generan lípidos de ambas clases y forman membranas híbridas que no son más frágiles o inestables y que, de hecho, permiten a la bacteria crecer a la misma velocidad que las bacterias normales. Además, las bacterias híbridas son más resistentes, no menos, a la exposición a temperaturas elevadas e incluso a la congelación a 80ºC bajo cero.

Así pues, estos interesantes experimentos no apoyan la hipótesis de la inestabilidad de las membranas de LUCA como razón para la evolución de bacterias y arqueas, aunque indican que LUCA sí pudo tener membranas estables formadas por lípidos de ambas clases. Habrá que esperar a nuevos e ingeniosos experimentos para resolver este interesante misterio, lo cual es necesario si deseamos comprender uno de los aspectos más fundamentales de la evolución de la vida primigenia.

Referencia: Antonella Caforio et al. (2018). Converting Escherichia cóli into an archaebacterium with a hybrid heterochiral membrane. www.pnas.org/cgi/doi/10.1073/pnas.1721604115

30 de septiembre de 2018

REMOLINOS DE VIDA

Hoy se cree que el origen de la vida tuvo lugar en fuentes hidrotermales

EN EL ARTÍCULO anterior hablaba del misterio de la diferencia entre bacterias y arqueas en el empleo de las moléculas de glicerol, que son quirales. Recordemos que las moléculas quirales (del griego *kheir*, mano) son idénticas químicamente, es decir, están compuestas por los mismos átomos, pero son imágenes especulares la una de la otra. El misterio del glicerol quiral es, en realidad, una forma concreta del misterio más general de por qué los seres vivos utilizan solo una de las dos clases de moléculas quirales, que se denominan con las letras D (dextro, derecha) y L (levo, izquierda). Aunque las moléculas D y L se forman en cantidades iguales en las reacciones químicas, los azúcares suelen ser, con muy escasas excepciones, todos de la serie D, mientras que los aminoácidos que forman las proteínas son, también con muy escasas excepciones, de la clase L. ¿Por qué? ¿Qué fenómenos físicos y químicos condujeron a la selección de una de las formas quirales para las moléculas de la vida? ¿Cómo la vida seleccionó solo una de las formas de esa mezcla equilibrada entre las clases D y L?

Hasta el momento, contábamos con interesantes ideas, pero muy escasas pruebas para resolver este misterio. Una de las pruebas recientes, no obstante, la constituye el descubrimiento de que las moléculas de hidratos de carbono detectadas en asteroides y cuerpos del sistema solar son preferentemente de la forma D, es decir, coinciden con la forma quiral que emplean los organismos vivos. Si la vida deriva de la llegada de esas moléculas a la Tierra, tras colisiones con asteroides y cometas, y su subsiguiente evolución, esto podría explicar la preferencia quiral por la vida de al menos los hidratos de carbono, aunque todavía quedaría por explicar por qué esas moléculas creadas en el espacio poseen un desequilibrio quiral, así como la preferencia quiral de aminoácidos L y otras moléculas de los seres vivos.

Una de las ideas que se habían propuesto para intentar explicar la preferencia quiral de las grandes moléculas de la vida era que reacciones químicas de agregación, que consiguen la unión de unos aminoácidos con otros, sucedidas en flujos arremolinados a derechas o a izquierdas conducían a la selección de solo una de las moléculas quirales de una mezcla en equilibrio de las dos formas D y L. Estos flujos arremolinados se forman en los desagües de nuestras casas, por ejemplo. Según esta hipótesis, el flujo arremolinado en una u otra dirección influiría en la posición espacial de las moléculas quirales en ese flujo y conduciría a la selección preferente de una u otra forma quiral de las moléculas para generar el agregado molecular final, de modo que este estaría formado solo por una de las formas de las moléculas de la mezcla inicial, la D o la L.

MINIMAELSTROMS VITALES

Algunos investigadores habían conseguido pruebas de que agitando en una u otra dirección las cubetas donde se producían estas reacciones químicas, se generaban agregados moleculares de quiralidades opuestas. Sin embargo, quedaba por establecer cómo en el origen de la vida se habrían podido formar condiciones de flujo arremolinado en una u otra dirección donde pudieran tener lugar reacciones químicas con las moléculas precursoras de la vida para formar proteínas o ácidos nucleicos.

Hoy, se cree que el origen de la vida tuvo lugar en fuentes hidrotermales. Estas son como geiseres o fumarolas en el fondo oceánico que expulsan agua muy caliente, de origen geotérmico. El agua expulsada contiene minerales disueltos que se solidifican a medida que entran en contacto con el agua fría del océano y generan de este modo estructuras sólidas, como chimeneas, que pueden alcanzar varios metros de altura. Estas estructuras minerales son muy porosas, parecidas a la piedra pómez.

Hace unos años, se publicó que los poros de las chimeneas hidrotermales eran capaces de concentrar en su interior a las moléculas, y posibilitar así la progresión de reacciones químicas a velocidades suficientes como para generar precursores de las moléculas vivas. Ahora, un grupo de investigadores de la Academia de Ciencias China propone que el flujo de agua caliente emitido por las fuentes hidrotermales, al introducirse por esos poros, crea también rápidos microrremolinos que giran en una dirección o en la otra, dependiendo de la geometría del poro y de la dirección de entrada del flujo. Estos microrremolinos podrían haber generado preferentemente moléculas agregadas, como las proteínas, con solo aminoácidos de una o la otra quiralidad.

Para intentar comprobar la veracidad de su idea, los investigadores recrean en el laboratorio las condiciones de flujo de los poros de las chimeneas hidrotermales y analizan si la simetría quiral molecular puede romperse gracias a estas condiciones. En sus estudios, fabrican un dispositivo que contiene microrrecintos a derecha o izquierda de un pasillo central por donde se hace pasar una solución con moléculas capaces de agregarse. Desde el pasillo, la solución penetra también en los minúsculos recintos, donde el flujo crea remolinos en una u otra dirección, dependiendo de si el recinto se encuentra a la derecha o a la izquierda del pasillo central. El análisis de los agregados que se formaron en el interior de los pequeños recintos indicó que, en efecto, los agregados se formaban con gran rapidez y habían adquirido quiralidad de acuerdo con la dirección del microrremolino que se había formado.

Estos experimentos proporcionan una primera prueba en favor de la idea de que la formación de proteínas con solo un tipo de aminoácidos, en el caso de la vida, la forma L, podría haber tenido lugar en los poros de las fuentes hidrotermales a partir de una mezcla en equilibro de aminoácidos D y L. Serán necesarios, no obstante, estudios adicionales para demostrar que esto fue lo que sucedió, pero, aunque estamos aún lejos, poco a poco vamos acercándonos al objetivo de comprender lo que pudo suceder en el origen de la vida.

Referencias: Jiashu Sun (2018). Control over the emerging chirality in supramolecular gels and solutions by chiral microvortices in milliseconds. Nature communications, 9:2599 | DOI: 10.1038/s41467-018-05017-7. https://jorlab.blogspot.com/2016/06/el-origen-de-la-vida-traves-del-espejo.html. https://jorlab.blogspot.com/2016/04/concentremonos-en-la-vida.html

7 de octubre de 2018

Bacteriófagos, anticuerpos y el Nobel de Química 2018

La generación a voluntad de moléculas de anticuerpo idénticas, capaces de unirse a una sustancia concreta, mereció también el premio Nobel en 1984

LOS PREMIOS NOBEL de Medicina y de Química 2018 tienen algo en común: los dos están relacionados con la Inmunología. Esta es probablemente la disciplina de la Biomedicina que más vidas ha salvado, gracias al desarrollo de las vacunas.

El premio Nobel de Medicina ha sido concedido al desarrollo de técnicas de inmunoterapia contra el cáncer que se apoyan en conocimientos fundamentales sobre el funcionamiento del sistema inmunitario y, en particular, en el conocimiento de cómo este se frena tras vencer una infección. Actuar sobre el mecanismo de frenada para impedirlo y mantener activado el sistema inmunitario ha permitido avanzar en la curación de ciertos tumores que activan el freno del sistema inmune para impedir que este los ataque. Un premio Nobel bien merecido.

Si la razón del premio Nobel de Medicina es fácil de comprender, algo más difícil de apreciar es por qué otorgan la mitad del premio Nobel de Química a los inventores de la tecnología llamada, en inglés, *phage display*, que me gusta traducir como "pantallazo de bacteriófagos". Los ganadores son el estadounidense George P. Smith y el británico Sir Gregory P. Winter. La ganadora de la otra mitad es una estadounidense, la Dra. Frances P Arnold, pionera en el desarrollo de la evolución dirigida de enzimas, que ha permitido la generación de enzimas nuevos capaces de catalizar reacciones químicas interesantes para la medicina y la industria. Otro premio bien merecido.

Vamos a centrarnos en el "pantallazo de bacteriófagos". Los bacteriófagos son virus que atacan a las bacterias y nada pareen tener que ver con las defensas, así que ¿qué tienen que ver con la Inmunología? Para entenderlo, necesitamos adentrarnos brevemente por el mundo de los anticuerpos.

Los anticuerpos son moléculas de proteínas secretadas a la sangre que van a unirse a moléculas extrañas para neutralizarlas o para ayudar a su eliminación. Las moléculas de anticuerpo son extraordinarias, porque poseen una región prácticamente idéntica a todas ellas, pero también cuentan con una región diferente en cada molécula. Es esta región diferente, llamada región variable, la que les permite unirse a prácticamente cualquier cosa. Nuestro cuerpo produce así miles de millones de moléculas de anticuerpos diferentes, cada una con la capacidad de neutralizar alguna molécula o microorganismo si se lo encuentra a lo largo de la vida.

La generación a voluntad de moléculas de anticuerpo idénticas, capaces de unirse a una sustancia concreta, mereció también el premio Nobel en 1984. Esto fue un gran avance porque permitió la generación de grandes cantidades de anticuerpos monoclonales, como se llamó a estas moléculas, las cuales, entre otras cosas, podían ser utilizadas como armas antitumorales.

Sin embargo, la generación de anticuerpos monoclonales era un proceso tedioso que necesitaba de células en cultivo o de animales y que no siempre generaba los resultados esperados. Era necesario desarrollar nuevas técnicas de generación de estas importantes y útiles moléculas y aquí es donde aparece la tecnología del "pantallazo de bacteriófagos".

TECNOLOGÍA Y CONOCIMIENTO

Esta tecnología se desarrolla gracias al profundo conocimiento tanto de la estructura de las moléculas de anticuerpo como de las moléculas de los bacteriófagos. El rápido crecimiento de las bacterias permite generar una rica sopa de cultivo para los bacteriófagos que las infectan. Si pudiéramos modificar a estos últimos de manera que generaran un anticuerpo podríamos fabricar enormes cantidades de este sin necesidad de utilizar células o animales. La idea es genial, merecedora de un premio Nobel, pero ¿cómo la ponemos en práctica?

Y bien, el conocimiento de la estructura de los anticuerpos permitió identificar la zona variable de estos y generar "genes" solo para esta zona. El conocimiento de la estructura de los bacteriófagos permitió identificar las proteínas que forman parte del exterior de estos virus, así como las regiones de estas que podían ser manipuladas sin por ello afectar a la capacidad de adherirse a las bacterias, de infectarlas y de reproducirse.

Una vez identificadas estas regiones, los genes generados para las regiones variables de los anticuerpos eran introducidos en los genes de las proteínas externas de los bacteriófagos. De este modo se generaban miles de millones de bacteriófagos que mostraban en su parte externa proteínas que, al igual que los anticuerpos, eran capaces de unirse a cualquier cosa. Estos bacteriófagos eran capaces de crecer rápidamente infectando a bacterias, por lo que podríamos generar grandes cantidades de esas proteínas.

Una vez generados esos miles de millones de bacteriófagos diferentes, era necesario seleccionar a aquel que se uniera a lo que nosotros deseáramos, por ejemplo, a una proteína de un tumor que pretendemos atacar. Para ello, la proteína del tumor se adhería a un soporte por el que se hacía pasar la sopa de bacteriófagos generada. Solo aquel virus que se uniera a la proteína quedaría adherido a ella, y al soporte. Los demás serían arrastrados al hacer pasar un líquido de lavado. De este modo habríamos seleccionado al bacteriófago de interés de entre miles de millones.

Este bacteriófago se puede ahora hacer crecer permitiéndole infectar a más bacterias. De este modo, conseguimos una sopa de un bacteriófago único que se une a la proteína tumoral. A partir de los bacteriófagos seleccionados se puede analizar el gen que genera el anticuerpo y rescatarlo para producir con él un anticuerpo completo u otras variantes de proteínas que puedan ser eficaces contra el tumor. Vemos ahora que esta técnica emplea al bacteriófago como pantalla en la que se muestra la parte del anticuerpo que deseamos utilizar.

Combinada con la evolución dirigida, esta tecnología ha permitido generar anticuerpos que no se encuentran en la Naturaleza, algunos de los cuales se han revelado como potentes armas terapéuticas para numerosas enfermedades. El premio Nobel es también bien merecido en este caso.

Referencias: Smith GP (June 1985). "Filamentous fusion phage: novel expression vectors that display cloned antigens on the virion surface". Science. 228 (4705): 1315–7. Http://science.sciencemag.org/content/228/4705/1315
Https://www.nobelprize.org/prizes/chemistry/2018/summary/

14 de octubre de 2018

INFLUENCIA SOCIAL Y ENFERMEDAD

No todos somos igual de susceptibles a las opiniones de los demás

EN LA SOCIEDad occidental de nuestro tiempo, el valor del individuo es fundamental. Cada cual busca su propia identidad y se esfuerza en distinguirse de los demás. Deseamos ser especiales en todos los dominios de la vida: el trabajo, el amor, el deporte, la amistad...

Sin embargo, la independencia y el individualismo no son características de todas las sociedades, ni de todos los periodos de la historia. De hecho, han aparecido más bien recientemente. La Europa preindustrial valoraba mucho más las virtudes de la obediencia y respeto a los padres y mayores y era más tradicionalista que la Europa de nuestros días, en la que, inaceptablemente, los viejos se están convirtiendo en una grave, y cara, molestia. En las sociedades de nuestro tiempo también existen notables diferencias entre la tendencia a seguir la tradición y las normas sociales y la tendencia a desafiarlas.

¿Por qué sucede esto? ¿Qué influencias son las que han afectado esta evolución de los individuos en las sociedades a lo largo de los tiempos? Por lo que sé, las diferentes culturas suelen considerarse imponderables y no ser resultado de factores biológicos, psicológicos, y mucho menos inmunológicos. Sin embargo, las sociedades no dejan de ser un complejo resultado final del comportamiento de cada uno de sus miembros, y ese comportamiento individual sí está influido por factores biológicos, psicológicos, e inmunológicos. Si los indígenas americanos hubieran resistido a las enfermedades que los europeos les contagiaron, la historia hubiera sido muy diferente y nuestras sociedades también.

Considerando estos y otros datos obtenidos en estudios anteriores, un grupo de investigadores franceses en psicología social proponen ahora la idea de que estar de acuerdo o no con la opinión social mayoritaria, lo cual acaba por conformar las sociedades, está bajo la influencia, en parte, del riesgo que cada cual estima de contraer una enfermedad. Esta idea se considerará una locura por más de uno, porque parece ser nuestra personalidad la que hace que no todos seamos igual de susceptibles a las opiniones de los demás. Sin embargo, los investigadores la confirman con datos sólidos y explicaciones sensatas.

Los científicos estudian a 261 participantes a los que, en primer lugar, someten por Internet al bien conocido cuestionario de vulnerabilidad percibida a la enfermedad, el cual consta de quince preguntas y permite clasificar a las personas en una escala de la vulnerabilidad que perciben a caer enfermas, sobre todo por enfermedades infecciosas. Igualmente, estudian en el laboratorio a otros 17 participantes a los que también someten a este cuestionario, y a quienes, al mismo tiempo, analizan su actividad cerebral mediante electroencefalografía.

ADECUACIÓN SALUDABLE

En segundo lugar, someten a los participantes a una conocida prueba de evaluación de la confianza. En esta prueba los participantes deben calificar, de uno a ocho, qué confianza les inspira un rostro generado por ordenador. Los rostros son producidos mediante un software especializado, llamado *FaceGen Modeler,* en su versión 3.1. Resulta sin duda insólito que un programa informático pueda generar diferentes rostros que inspiren distintos grados de confianza, pero vivimos en una era de ciencia-ficción, no lo olvidemos.

Los participantes, primero, otorgan su calificación a varias decenas de esos rostros artificiales. Tras realizar esta tarea, los mismos rostros son presentados de nuevo a cada participante, pero, en esta ocasión, cada uno muestra una calificación ficticia, de la que se hace creer ha sido otorgada por los otros participantes del estudio. La idea es comprobar si cada participante otorga la misma calificación inicial o, por el contrario, la ajusta, y en qué grado, para adecuarla a la calificación otorgada por los otros.

El propósito de estos estudios era comprobar si aquellos con una mayor puntuación en el cuestionario de vulnerabilidad percibida a la enfermedad eran o no quienes más frecuentemente y en mayor extensión modificaban la calificación otorgada a los rostros de acuerdo con las calificaciones de confianza otorgadas por otros. El análisis de los datos mediante técnicas matemáticas reveló que esto era lo que sucedía. Al mismo tiempo, el estudio por electroencefalografía reveló que, como se esperaba, determinadas áreas cerebrales estaban implicadas en este curioso efecto. Los investigadores concluyen que la susceptibilidad de cada cual para adecuarse a las opiniones de los demás está relacionada, al menos en parte, con su percepción del riesgo de contraer una enfermedad.

¿Qué explicación medianamente sensata podemos intentar dar a este nuevo hecho de la naturaleza humana? Los científicos apuntan a que una presión fundamental del entorno que en gran medida moduló la evolución de nuestra especie ha sido y es la presencia de microorganismos patógenos. Este factor supone un coste reproductivo y de supervivencia que es necesario minimizar. La aparición de un complejo y costoso sistema de defensa contra los patógenos, el sistema inmunitario, es uno de los resultados más notables de esa presión evolutiva causada por los microorganismos. Sin embargo, siendo los humanos animales estrictamente sociales, nuestra supervivencia no solo depende de nuestras defensas, sino también de la ayuda y protección que recibimos de los demás. Una forma que seguramente todos empleamos para maximizar esa ayuda es plegarnos a las ideas de quienes deseamos que nos ayuden o protejan. En épocas en las que los humanos vivían en clanes de pocos individuos, aceptar de manera más estricta los dictados sociales de la mayoría era, si se caía enfermo, una buena manera de asegurar el apoyo social necesario para superar la enfermedad. Esta tendencia, resultado de nuestra historia evolutiva, nos sigue acompañando hoy y sigue modulando nuestra sociedad.

Referencia: Pierre O. Jacquet et al. Human susceptibility to social influence and its neural correlates are related to perceived vulnerability to extrinsic morbidity risks. Scientific Reports (2018) 8:13347 | DOI:10.1038/s41598-018-31619-8.

21 de octubre de 2018

BRAVEBRAIN

Que puedan existir neuronas de la valentía no deja de ser curioso

ENTRE LOS MUCHOS misterios que aún rodean el funcionamiento del cerebro se encuentran los ritmos cerebrales. Estos pueden detectarse empleando la técnica de la electroencefalografía, que mide la actividad eléctrica del cerebro mediante electrodos colocados sobre la superficie del cráneo.

La investigación del cerebro con esta técnica ha revelado la existencia de seis tipos de oscilaciones diferentes, que han sido denominadas mediante letras griegas. La electroencefalografía ha revelado también que algunas regiones cerebrales poseen su propio tipo de oscilaciones características, es decir, oscilaciones con periodos y amplitudes particulares.

Una de estas regiones cerebrales con oscilaciones propias es nada menos que el hipocampo, región del cerebro con forma de caballito de mar, y que por esa razón recibe este nombre. Contamos con dos hipocampos, uno en cada hemisferio cerebral. El hipocampo es fundamental para para la memoria y para la orientación espacial y es también una de las primeras regiones cerebrales afectadas cuando se desencadena la enfermedad de Alzheimer.

La actividad del hipocampo es tan importante para el funcionamiento normal del cerebro que esta región posee no uno sino dos tipos de oscilaciones características que, además, funcionan de manera coordinada. Estas oscilaciones han sido denominadas teta 1 y teta 2. Por cierto, solo se trata de la letra griega llamada teta, representada por θ.

La oscilación teta 1 posee una frecuencia de 7 a 12 hercios (ciclos por segundo) y aparece en comportamientos como la exploración y los movimientos voluntarios. La oscilación teta 2 tiene una frecuencia de 4 a 9 hercios y está asociada a estados de inmovilidad, de ansiedad y a comportamientos frente a la amenaza de un predador, por ejemplo, al detectar el olor de este.

Como puede verse, los comportamientos asociados con la presencia de una de estas oscilaciones son bastante opuestos a los asociados con la otra. Por si esto fuera poco, estas oscilaciones son afectadas por ciertos fármacos y, de forma completamente coherente con lo anterior, un fármaco capaz de afectar a una de ellas es incapaz de afectar a la otra. Esto quiere decir que ambos tipos de oscilaciones dependen de mecanismos moleculares diferentes implicados en la comunicación neuronal. Averiguar qué tipos de neuronas participan en esto es muy importante para poder actuar farmacológicamente solo sobre ellas y modular así de manera precisa estados de ansiedad o miedo patológicos, evitando efectos secundarios perjudiciales.

LUZ Y GENES

Un grupo de investigadores de la Universidad de Upsala, en Suecia, en colaboración con investigadores de la Universidad Federal del Rio Grande do Norte, en Brasil, abordan esta cuestión utilizando una de las técnicas más sofisticadas del momento, capaz de afectar a voluntad en animales de laboratorio exclusivamente el funcionamiento de las neuronas escogidas. Se trata de la técnica de la optogenética.

La optogenética es, simplemente, un truco para poder activar las neuronas que deseemos sin tocarlas ni tratarlas de ningún modo, sino simplemente iluminándolas con una luz láser de un color determinado. Para conseguir que el truco funcione, es necesario poseer un conocimiento bastante profundo de las propiedades genéticas de las neuronas que deseamos activar. En particular, es necesario saber qué gen o genes están funcionando de manera exclusiva en ellas.

Utilizando este conocimiento, los investigadores pueden generar una rata o ratón transgénico mediante la inclusión en su genoma de un gen artificial que va a producir una proteína sensible a luz láser de un color determinado. El funcionamiento de este gen artificial se hace que sea idéntico al de uno de los genes exclusivos del tipo de neuronas que deseamos estudiar, con lo cual solo funcionará y producirá proteína en estas. Cuando esta proteína es activada por una luz láser (la cual se aplica con dispositivos de fibra óptica implantados sobre el cráneo de los animales), la proteína actúa para activar exclusivamente a las neuronas donde se encuentra. Esto afecta al funcionamiento del cerebro y también afecta al comportamiento del animal.

Utilizando esta sofisticada tecnología, los investigadores generan animales "optotransgénicos" que poseen un solo tipo particular de neuronas del hipocampo sensibles a la luz. Estudios anteriores habían hecho sospechar a los científicos que estas neuronas podían ser las responsables de una u otra de las oscilaciones teta. Se trata de las llamadas interneuronas de la región del hipocampo denominada *oriens-lacunosum moleculare,* para quien, sabiendo latín, desee saberlo. Las interneuronas comunican a las neuronas sensoras o motoras con las neuronas del sistema nervioso central.

Al iluminar el hipocampo de los animales optotransgénicos, los investigadores descubren que se genera solo la oscilación teta 2, lo que les permite concluir que las interneuronas modificadas por optogenética participan en la generación de esta oscilación. Lo realmente sorprendente, sin embargo, es que la iluminación del cerebro de estos animales con la luz láser modifica su comportamiento frente al olor de un gato, el cual, como sabemos al menos desde que se emite Tom y Jerry (1940), es uno de los predadores más peligrosos para los roedores. Los ratones a los que se activan las interneuronas con la luz láser muestran un comportamiento más arriesgado o más valeroso en estas circunstancias que los ratones normales.

Estos nuevos datos indican que algunos estados de miedo o ansiedad patológicos podrían ser tratados con fármacos específicos para esas interneuronas del hipocampo. En un aspecto más humano del asunto, los estudios pueden ayudar a explicar por qué tanto animales como personas muestran diferentes grados de valentía, o temeridad, frente a riesgos evidentes que pueden poner en peligro hasta la vida. Que puedan existir neuronas de la valentía o la temeridad no deja de ser curioso, aunque no es sorprendente, ya que todas las capacidades y propiedades humanas, todas las emociones, todos los razonamientos, dependen del funcionamiento de esas pequeñas y ramificadas celulitas interconectadas que llamamos neuronas.

Referencia: Sanja Mikulovic et al. Ventral hippocampal OLM cells control type 2 theta oscillations and response to predator odor. Nature Communications (2018) https://www.nature.com/articles/s41467-018-05907-w

28 de octubre de 2018

¡ADÁPTESE QUIEN PUEDA!

La actividad y expansión de nuestra especie se ha convertido en una de las mayores presiones evolutivas del momento

EL MUNDO ESTÁ cambiando a una enorme velocidad. El cambio es rapidísimo desde los aspectos social y humano. El cambio es también fulminante desde el punto de vista del entorno planetario: deforestación, contaminación, calentamiento global... El planeta está cambiando con tal celeridad que numerosas especies se están extinguiendo incluso, algunos afirman, antes de haberlas podido descubrir.

Sin embargo, los rápidos cambios generados por la actividad humana han proporcionado, en algunos casos, nuevas oportunidades a viejas especies y han forzado a otras a tener que realizar una rápida adaptación. Tal vez el caso más conocido de esto último sea la evolución de ida y vuelta de la polilla moteada, sucedida en Inglaterra debido, primero, a la contaminación causada por la Revolución Industrial y, segundo, a la descontaminación. Desde mediados del siglo XIX a mediados del siglo XX, el dióxido de azufre y hollín emitidos por la combustión de carbón mataron a los claros líquenes que crecían sobre las cortezas de los árboles, oscureciéndolos. Posada sobre los árboles, el moteado natural de la polilla no fue ya capaz de hacerla pasar desapercibida frente a los pájaros, sus predadores naturales, los cuales comenzaron a capturarlas con mayor frecuencia. Sin embargo, el gen responsable de la coloración de la polilla mutaba de vez en cuando, causando la aparición de polillas oscuras. Esta variedad, en un ambiente natural limpio, era rápidamente capturada por las aves al ser incapaz de camuflarse, pero sobre las oscurecidas cortezas de los árboles humeados por la Revolución Industrial, al contrario, era la polilla oscura la que pasaba desapercibida. Esto causó que la variedad oscura acabara por dominar casi exclusivamente en los ambientes contaminados, cercanos a las regiones industriales, mientras que la variedad moteada, más clara, seguía dominando en las regiones limpias.

Esta situación comenzó a revertirse cuando en los años 60 del siglo XX se aprobaron leyes en el Reino Unido que intentaron mitigar la contaminación ambiental. Como resultado, los árboles comenzaron a recobrar su color natural y la polilla moteada clara recobró también su ventaja de camuflaje frente a la oscura. Una situación similar se ha observado también en las regiones industriales de los EE. UU.

El caso anterior es uno de los más conocidos de evolución forzada por rápidos cambios en el entorno, lo cual ha sido confirmado en este siglo con experimentos de campo. Este caso revela que pequeños cambios genéticos pueden derivar en profundos efectos evolutivos en una escasísima cantidad de tiempo. Sin embargo, no es el único caso de evolución propiciada por la actividad humana.

Mosquitos subterráneos y ratones de parque

Otro caso muy ilustrativo es el del mosquito del metro de Londres. Este mosquito desciende de los mosquitos que acompañaron a los habitantes de Londres a los refugios subterráneos, donde se refugiaban de los bombardeos alemanes en la segunda guerra mundial. Hoy, este mosquito habita los túneles del metro de la capital de Inglaterra, desde donde se ha expandido a entornos subterráneos de otras ciudades del mundo.

Existe un debate aún no cerrado sobre si esta clase de mosquito subterráneo deriva de la evolución del mosquito común, aunque los últimos estudios parecen indicar que este es el caso. La escasa diversidad genética de este mosquito indica que deriva de una pequeña cantidad de individuos fundadores, probablemente los que acompañaron a quienes se refugiaban de los bombardeos bajo tierra.

Este mosquito se ha adaptado rápidamente a las condiciones subterráneas y a picar exclusivamente a humanos, ratas y ratones, puesto que no puede ya picar a los pájaros, lo que su primo de la superficie sí puede hacer y, de hecho, hace con preferencia a otras especies. Además, no tolera el frío y ha dejado de hibernar, como hace el mosquito común, puesto que no es necesario en las condiciones ambientales subterráneas, en las que los cambios estacionales no son tan evidentes. Esto permite a este mosquito reproducirse durante todo el año.

Los estudios realizados indican que los cambios han sido tan sustanciales que el mosquito subterráneo se ha convertido en una nueva especie, puesto que la reproducción con mosquitos del exterior ya no es posible y genera una descendencia estéril, una situación similar a la de burros y caballos. La incapacidad de generar descendencia viable es uno de los criterios fundamentales para decidir si estamos tratando con especies diferentes o solo con variedades de la misma especie.

Otro ejemplo de evolución inducida por el ser humano se ha detectado también en los ratones de Central Park, en Nueva York. Se cree que algunos de los miembros de la población de ratones de Nueva York eran capaces, por sus características genéticas, de digerir mejor los restos alimenticios dejados por los humanos, como trozos de donuts, de pizza, o de perritos calientes, y de tolerar mejor las deficiencias alimenticias causadas por este cambio de dieta. Esto ha permitido a estos ratones reproducirse con mayor rapidez frente a sus congéneres que no tenían esta capacidad, por lo que han llegado a dominar el entorno del Central Park y otros parques de Nueva York, donde abunda la basura. Además, es también probable que los ratones de parque sean más tolerantes al ruido y al estrés causados por la molesta presencia humana.

Los ejemplos anteriores deberían dejarnos claro que la actividad y expansión de nuestra especie se ha convertido en una de las mayores presiones evolutivas del momento. En mi humilde opinión, esta situación solo podrá ser revertida si comenzamos a controlar nuestra propia expansión y frenamos el crecimiento de nuestra población. No creo que tal idea esté en el horizonte, de momento, así que ¡adáptese quien pueda!

Referencias: Matzke, Nick (2012). Selective bird predation on the peppered moth: the last experiment of Michael Majerus. The Panda's Thumb. Retrieved 7 March 2012. https://pandasthumb.org/archives/2012/02/selective-bird.html
Stephen E. Harris and Jason Munshi (2016). Signatures of positive selection and local adaptation to urbanization in white footed mice (Peromyscus leucopus) https://www.biorxiv.org/content/biorxiv/early/2017/09/26/038141.full.pdf

4 de noviembre de 2018

¿SON CONVENIENTES LOS ANÁLISIS GENÉTICOS PERSONALES?

Han proliferado las empresas que, por unos cientos de euros, identifican las variantes de los genes que tenemos

LA ERA DEL análisis genético habita ya entre nosotros. Millones de personas han analizado al menos parcialmente sus genomas y, en algunos casos, esto les ha ayudado, pero los análisis genéticos por encargo personal no siempre son beneficiosos, ya que la complejidad de la interacción entre diferentes genes hace muy difícil la correcta interpretación de los datos obtenidos con estos análisis. Veamos por qué.

En primer lugar, es necesario clarificar lo que es un gen desde el punto de vista de la función que desempeña en las células. Un gen no es solo un fragmento de ADN, sino la ejecución en el mundo real de la información almacenada en ese fragmento. En otras palabras, el ADN no vale para nada si no se fabrica algo a partir de la información que contiene. Ese algo fabricado suele ser una pieza de la maquinaria celular que permite a las células llevar a cabo sus funciones, o activarse y adaptarse a los cambios del mundo exterior, como, por ejemplo, cuando las células del sistema inmunitario deben hacer frente a una amenaza. En ese caso, son cientos los genes que, estando normalmente apagados, se ponen en marcha.

Sin embargo, una pieza de la maquinaria celular tampoco es nada por sí misma. La pieza debe encajar bien con las otras o, de otro modo, no podrán realizar decentemente sus funciones. Un buen encaje es todavía posible con piezas que pueden variar ligeramente unas de otras. De este modo, en algunos casos, ligeras variaciones entre las piezas producen ligeras variaciones en el resultado final, pero ningún problema grave. Por ejemplo, la altura de las personas posee un fuerte componente genético, pero hay cientos de genes involucrados en esta característica, es decir, no existe un solo gen de la altura, sino cientos, que deben encajar funcionalmente bien para generar una persona con una altura dentro del rango normal. Si alguno de estos genes produce una pieza defectuosa, toda la maquinaria podría fallar y la persona podría acabar siendo una enana.

El ejemplo anterior ilustra la dificultad a la hora de interpretar la información obtenida en una prueba genética, normalmente encaminada a detectar la susceptibilidad a una u otra enfermedad, como el cáncer. No podemos, en muchos casos, fijarnos en un solo gen, sino que es necesario averiguar lo bien o mal que la determinada variante de gen que tengamos encaja con nuestras otras variantes de genes involucrados en la misma función celular.

No obstante, en el caso de algunos genes concretos esto no es necesario, porque sabemos que una mutación que invalide al gen causará ya la enfermedad. Por ejemplo, la enfermedad de Huntington, que causa deterioro mental, demencia y la muerte, está causada por mutaciones en el gen de la proteína denominada huntingtina. En este caso, una mutación que inutilice este gen determina de manera absoluta que la persona que la posea va a desarrollar la enfermedad. Si se posee la mutación, por el momento no es posible evitar la enfermedad.

NEOLIBERALISMO GENÉTICO

En el mundo actual, han proliferado empresas que, por unos cientos de euros, identifican las variantes de los genes que tenemos. Podría bastar en ocasiones con solo introducir un poco de saliva en un tubo de análisis que puede ser enviado por correo a la empresa.

Por ejemplo, algunas mujeres desean conocer si poseen una variante de un gen que las hace muy susceptibles a desarrollar cáncer de mama y ovarios. En caso de obtener una respuesta positiva, muchas aumentan la frecuencia de sus mamografías y análisis o deciden extirparse las mamas y los ovarios, como hizo la famosa actriz Angelina Jolie. En otros casos, el gen mutado puede aumentar la frecuencia de cáncer de colon. De idéntico modo, conocer si uno posee o no esta variante del gen puede alargarnos la vida. Al aumentar la frecuencia de las colonoscopias, lo que se suele hacer si tenemos esta variante del gen, es más probable detectar un cáncer en sus primeros estadios, el cual es siempre más fácil de erradicar.

Lo anterior parece aconsejar que deberíamos, sin más tardanza, enviar nuestra saliva o una gota de sangre, a alguna compañía de pruebas genéticas, esperar los resultados y tomar decisiones sobre ellos. Sin embargo, no vayamos tan rápido. Las cosas son más complicadas de lo que parece.

Tenemos, por ejemplo, el caso de los numerosos falsos positivos, que algunos expertos estiman en un 40%. Esto quiere decir que los resultados nos dirán en un 40% de los casos que tenemos un gen que causa cáncer cuando en realidad es falso que lo tengamos. Traguemos saliva. Evidentemente entrar en un quirófano a extirparnos mamas y ovarios con esta incertidumbre es una decisión cercana a la locura. Necesitaremos una segunda o incluso una tercera opinión. Habrá que volver a producir saliva, si no nos la hemos tragado toda, y pagar esos cientos de euros una o dos veces más.

Además, aunque los resultados de los análisis sean correctos, en general tendremos serias dificultades para interpretarlos y saber qué hacer con ellos. Es cierto que, en algunas situaciones, como, por ejemplo, en casos de enfermedades genéticas ya manifestadas en nuestra familia, el análisis genético puede proporcionarnos información muy valiosa para prevenir esa enfermedad o incluso para evitar transmitir a nuestra descendencia el gen culpable, si solo se tratara de uno. Sin embargo, en ausencia de familiares afectados por enfermedad genética alguna que aconseje realizar un estudio genético, podemos encontrarnos con datos de difícil interpretación y sobre los que tomar decisiones sensatas puede resultar muy difícil.

En mi opinión, no siempre conocer todo sobre nuestros genes es mejor que seguir ignorando qué genes hemos heredado. Si estamos preocupados por nuestra salud, como debiéramos, prometernos hacer ejercicio regularmente varias veces por semana, aumentar la calidad nutritiva de nuestra dieta, evitar el consumo de alcohol y el tabaco son decisiones que van a tener consecuencias más positivas que un análisis genético, el cual puede generarnos mas confusión que claridad. Al menos el ejercicio, y una dieta saludable ejercen, sin falsos positivos, efectos beneficiosos garantizados.

Referencias: Is genetic testing overrated? https://www.bbc.co.uk/programmes/w3cswqtv

11 de noviembre de 2018

RESISTENCIA BACTERIANA Y VIDA PERDIDA

En este combate evolutivo, las bacterias han desarrollado genes que les han permitido resistir a la acción de los antibióticos de varias maneras

GRACIAS A LA iniciativa Ciencia en el Parlamento, en la que he tenido el inmenso honor de participar, los pasados 6 y 7 de noviembre se presentó a un conjunto de diputados españoles, de todos los grupos políticos, la información más reciente sobre doce temas relacionados con la ciencia previamente elegidos por consenso entre políticos y científicos, debido a su importancia social. Entre estos temas se encontraban algunos de tanta relevancia como el calentamiento global, la prevención del suicidio, la gestión del agua o la inquietante resistencia bacteriana a los antibióticos, un tema que he creído conveniente comentar aquí, porque, en efecto, el problema es muy preocupante.

He hablado en varias ocasiones en esta sección de esta cuestión, ya que, por desgracia, nunca ha dejado de estar de actualidad. De hecho, mi primea contribución para este diario, en abril del año 2000, llevaba por título *resistencia a los antibióticos* (https://jorlab.blogspot.com/2000/04/resistencia-los-antibiticos.html).

La resistencia a los antibióticos, por tanto, no es un fenómeno nuevo. En realidad, es casi tan antigua como las propias bacterias patógenas, puesto que estas han sido combatidas por otros organismos mediante sustancias antibacterianas naturales desde hace cientos de millones de años. En este combate evolutivo, las bacterias han desarrollado genes que les han permitido resistir a la acción de los antibióticos de varias maneras, como destruyendo las moléculas de antibióticos o expulsándolas rápidamente de su interior antes de que puedan actuar, entre otras ingeniosas posibilidades.

Una vez una bacteria ha adquirido un gen que la convierte en resistente a un antibiótico, toda su descendencia será también resistente al mismo. Peor aún, porque las bacterias no solo se transmiten genes de manera "vertical", es decir, de padres a hijos, sino que también pueden hacerlo de manera "horizontal", es decir, entre hermanos, primos, o incluso entre perfectos desconocidos. Es como si al contar con un gen que nos permitiera tener los ojos azules, o ser más fuertes, o lo que fuere, pudiéramos pasárselo a nuestros amigos que lo desearan. Sería divertido, pero, sobre todo, lo que sucedería es que viviríamos en un mundo en el que no habría genes privados y todos ellos estarían al servicio de la comunidad. Esto es lo que sucede con las bacterias. Una vez una ha generado por mutación un gen que le permite sobrevivir a un antibiótico, este gen está a disposición de las demás bacterias que lo necesiten.

Los antibióticos no solo se emplean para tratar infecciones en seres humanos, y también se administran de manera masiva a animales de granja para evitar que estos caigan enfermos y permitir así que puedan engordar y producir más. España es uno de los países de Europa en el que más antibióticos se utilizan para este fin. Estos antibióticos pasan al suelo y atacan a las bacterias que lo habitan, las cuales pueden también adquirir genes de resistencia. Estos genes podrán ser transmitidos a otras bacterias que podrían resultar patógenas para nosotros. En estas condiciones de empleo continuado y masivo de antibióticos, no es de extrañar que las bacterias resistentes simultáneamente a varios de ellos no dejen de aumentar.

DATOS ALARMANTES

¿Cuál es el impacto para nuestro sistema de salud y el riesgo para nosotros de esta situación?

Hoy, ingresar en un hospital por cualquier razón es una situación de riesgo. El riesgo no proviene solo de la causa que nos ha conducido al ingreso hospitalario, sino al hecho de que la vida hospitalaria conlleva que contraer una infección por una bacteria multirresistente a los antibióticos sea una posibilidad mucho más probable que en la vida corriente.

Este riesgo y la pérdida de años de vida y años de calidad de vida que causa ha sido recientemente estimado en un amplio estudio auspiciado por el Centro Europeo para el Control de Enfermedades y publicado el pasado 5 de noviembre. Los autores analizan en profundidad los datos recopilados para el año 2015 sobre la incidencia de infecciones en Europa causadas por dieciséis tipos de bacterias resistentes a varios antibióticos, separadamente o en combinación. A partir de los datos de infecciones de la sangre, los investigadores calculan también con un modelo matemático el número de infecciones bacterianas que no afectaron a la sangre.

Los autores estiman que solo durante el año 2015 se produjeron en Europa 671.689 infecciones por bacterias resistentes a los antibióticos, de las cuales el 63,5% se produjeron en hospitales o centros de salud. Estas infecciones causaron un número de muertes estimado en 33.110.

No todas estas muertes sucedieron a la misma edad y, como es normal, hubo fallecimientos de personas jóvenes y más mayores. Además, incluso cuando la infección pudo ser vencida, se perdieron días de vida en mala salud. Por esta razón, los autores estiman también un parámetro que se denomina AVAD, o años de vida ajustados por discapacidad. Este parámetro valora los años de vida perdidos no solo por muerte prematura, sino por enfermedad o por discapacidad.

Pues bien, de acuerdo con los datos de este pionero estudio, las bacterias resistentes causaron en 2015 en Europa una pérdida de 874.541 años de vida y años de vida en buena salud combinados. Esta pérdida de años de vida y años de vida en buena salud es similar a los perdidos en Europa por la tuberculosis, el SIDA y la gripe juntas.

La situación es, por consiguiente, muy grave y la gravedad seguirá aumentando de no tomar medidas urgentemente. Por esta razón es muy importante que, como se ha hecho con la iniciativa Ciencia en el Parlamento, los científicos, de manera objetiva e independiente, informen a los políticos de la situación en diferentes aspectos en los que la ciencia resulta fundamental para que, de manera informada, tomen las mejores decisiones políticas en beneficio de la ciudadanía.

Referencia: Alessandro Cassini et al. Attributable deaths and disability-adjusted life-years caused by infections with antibiotic-resistant bacteria in the EU and the European Economic Area in 2015: a population-level modelling analysis. The Lancet (2018). http://dx.doi.org/10.1016/S1473-3099(18)30605-4

18 de noviembre de 2018

TIEMPOS DESVAÍDOS

Se ha podido determinar cuál es la máxima cantidad de tiempo que podemos medir con exactitud sin utilizar un reloj

EINSTEIN DEMOSTRÓ QUE todo en el universo se desplaza a la misma velocidad en el espacio-tiempo. Esto implica que, si nos movemos a pequeñas velocidades en el espacio, el tiempo transcurre a igual velocidad para todo el mundo. Sin embargo, no es siempre esto lo que percibimos.

La percepción del tiempo es un problema aún no resuelto por la ciencia. Los científicos comenzaron a estudiar cómo percibimos el tiempo a finales del siglo XIX. No hubo para entonces grandes progresos, pero hoy, gracias a las avanzadas tecnologías de las que disponemos, estos estudios han experimentado un enorme impulso.

Se ha podido determinar, por ejemplo, cuál es la máxima cantidad de tiempo que podemos medir con exactitud sin utilizar un reloj. Sorprendentemente, esta cantidad es muy corta, de solo dos o tres segundos. Cuando pretendemos estimar periodos de tiempo algo más largos, incluso de solo 10 o 15 segundos, la exactitud desaparece.

La razón de esto parece ser que los movimientos cotidianos simples se encuentran dentro de una escala de tiempo corta. En el rango de la unidad de duración de actividades motoras cotidianas, como andar o correr, somos precisos en la estimación del tiempo. Fuera de esa unidad de tiempo corporal, la exactitud ya no es posible.

Por otra parte, parece claro que la percepción del tiempo varía mucho de unas personas a otras y de unos momentos de la vida a otros. Los datos actuales indican que el estado de ánimo, así como el tipo de actividad que se realiza, ejercen una gran influencia sobre la percepción del tiempo. Por ejemplo, cuando estamos aburridos el tiempo parece estirarse. Igualmente, si estamos esperando que algo importante suceda, la espera puede parecer interminable. Al contrario, si estamos inmersos en una actividad que necesita ser finalizada con apremio, el tiempo se hace muy corto. Los exámenes, evaluaciones, o fechas para presentar ese informe o trabajo siempre se aproximan a gran velocidad, pero los fines de semana tardan meses y meses en llegar.

¿Por qué sucede esto? Una propuesta es que la percepción del tiempo depende de nuestra capacidad de atención. Los humanos disponemos solo de una capacidad limitada para ser conscientes de lo que sucede a nuestro alrededor. Cuando estamos sobrepasados o presionados por los acontecimientos no podemos seguirlos correctamente y, por ello, el tiempo parece fluir más rápidamente. Cuando, por el contrario, somos conscientes de un solo acontecimiento, el tiempo se alarga. Por ejemplo, si estamos en el gimnasio, corriendo en la cinta, o en la bicicleta estática por treinta minutos, esa media hora puede hacérsenos eterna, sobre todo si esa actividad no es nuestra favorita.

EMOCIONES, EDAD Y CONSCIENCIA

El estado emocional también es muy importante. Cuando un evento genera emociones intensas, las vivencias parecen alargarse en el tiempo y transcurrir a cámara lenta. Como ejemplo, un accidente parece suceder muy lentamente. Este efecto depende de la activación de la amígdala, una región del cerebro involucrada en la emoción del miedo. La amígdala se activa con intensidad en momentos de peligro, con lo que nuestra percepción del tiempo cambia; los detalles son más vívidos, y la memoria se hace más indeleble. Esto nos confiere una ventaja adaptativa, ya que recordaremos de una manera más intensa los eventos que han resultado importantes para nuestra supervivencia y la de los nuestros.

Otro efecto curioso es que el tiempo parece ir más rápido a medida que envejecemos. Una propuesta para explicar esto es que percibimos el tiempo de manera proporcional a lo ya vivido. Así, una hora para un adulto parece mucho más corta que para un niño. Sin embargo, un hecho discordante con esta idea es que a medida que envejecemos las horas no nos parecen, en realidad, más cortas. Solo concluimos que el tiempo vuela cuando recordamos lo ya vivido. Es la memoria la responsable de la ilusión del acortamiento del tiempo. Cuando somos jóvenes carecemos de recuerdos importantes, como la primera cita, el primer beso, el primer hijo, el primer sueldo, hechos que van construyendo nuestra identidad. Las vivencias emotivas son más vívidas y alargan la percepción del tiempo. Cuando ya somos mayores es difícil que volvamos a vivir momentos tan intensos y al recordar lo vivido en comparación con nuestra vida cotidiana nos parece que el tiempo ha volado. El papel de la memoria sobre la percepción del tiempo se ha comprobado en enfermos de Alzheimer. La pérdida de la memoria reciente en estos enfermos les da la sensación de que el tiempo ha transcurrido muy rápido desde los recuerdos que aún tienen hasta el momento actual. Su memoria es vaciada hasta de la sensación del tiempo.

Igualmente, la percepción del tiempo depende de la consciencia. La ínsula del córtex cerebral es responsable de integrar las señales corporales y permite que seamos consientes de nosotros mismos. Curiosamente, estudios recientes han revelado que la ínsula también participa en la estimación del tiempo, ya que se activa cuando es necesario calcular la duración de los eventos. En consecuencia, dependiendo de cómo percibamos nuestro propio estado corporal, el tiempo se expande o se contrae. Algunos experimentos apoyan esta idea. Cuando se obliga a las personas a estimar un periodo de tiempo de unos 10 o 20 segundos, el corazón late más lentamente, pero vuelve a latir con normalidad cuando el periodo de estimación acaba. Esto indica que nuestro estado fisiológico y cómo percibimos nuestro cuerpo están involucrados en estimar el transcurso del tiempo. Por ello, algunos científicos aconsejan que cuando estemos muy estresados y sintamos que el tiempo se nos echa encima, paremos un rato para tomar de nuevo consciencia de nuestro cuerpo. Esto producirá el efecto beneficioso de sentir que el tiempo se ralentiza.

Aún queda mucho por averiguar sobre la neurociencia del tiempo. Sea como fuere, espero y deseo que en este punto no tenga la sensación de que ha perdido el tiempo.

Referencia: The enigma of time. https://www.abc.net.au/radionational/programs/allinthemind/the-enigma-of-time-repeat/10266928

25 de noviembre de 2018

GENES Y ÉXITO ESTUDIANTIL

Estudios anteriores habían ya demostrado que el éxito académico es una cualidad heredable en un 60%

EN OCASIONES PREGUNTO a mis estudiantes de Medicina y Farmacia si creen que los genes que han heredado de sus padres han ejercido alguna influencia en que estén en la universidad y hayan elegido una de esas carreras. La pregunta es desconcertante, porque, probablemente, no han reflexionado sobre ello nunca. Quienes tímidamente se atreven a comentar alguna cosa suelen minimizar la influencia de los genes y hablar de voluntad, de constancia, de entusiasmo y cosas similares, cualidades que, en su visión, esta sí, heredada de sus padres y profesores sin más elaboración, poco o nada tienen que ver con los genes.

El asunto no es baladí, porque se estima que entre ir o no ir a la universidad puede haber una diferencia media de alrededor de un millón de euros de ganancias en la vida de una persona. Esta mejor situación socioeconómica se traduce no solo en una vida más desahogada, sino en una mejor salud general y mayor esperanza de vida.

El debate sobre la influencia de los genes es interesante, pero para concluirlo hacen falta datos, obtenidos de manera rigurosa y controlada y analizados de manera matemática. Y datos impresionantes son los que han obtenido un grupo de investigadores del *King College* de Londres, en colaboración con investigadores estadounidenses y rusos, publicados recientemente en una serie de interesantes artículos. Estos proporcionan materia de seria reflexión a las autoridades educativas, a maestros y profesores y, por supuesto, a los padres.

Estudios anteriores habían demostrado que el éxito académico es una cualidad heredable en un 60%, es decir, es probable que hijos de padres y madres que han sido buenos o malos estudiantes en materias concretas (matemáticas o lengua, por ejemplo) sean también buenos o malos estudiantes, respectivamente, en las mismas materias. Nótese que no estamos hablando aquí de inteligencia, sino de éxito académico. En este pueden intervenir cualidades también heredables, como la tenacidad, la estabilidad emocional, etc., las cuales son independientes del nivel de inteligencia, pero pueden afectar en buena medida a este éxito.

VARIOS ESTUDIOS

En un primer artículo, los científicos publican los resultados de un estudio realizado en el Reino Unido durante el periodo de escolarización obligatoria con unas tres mil parejas de gemelos idénticos, a quienes comparan con una población de otros seis mil estudiantes no relacionados genéticamente entre ellos, pero que comparten otros factores, como nivel socioeconómico, familias estables o no, etc. Puesto que los gemelos idénticos comparten la práctica totalidad de sus genes, si estos son importantes para el éxito académico, debería haber una clara coherencia entre las calificaciones obtenidas por las parejas de gemelos, coherencia que debería ser significativamente mayor que la observada en los otros estudiantes.

Lo primero que revela este estudio es que las diferencias son muy estables a lo largo del periodo de escolarización. En otras palabras, los buenos y malos estudiantes suelen ser siempre los mismos, curso tras curso, con contadas excepciones. Además, el estudio revela que la estabilidad en las diferencias académicas es, sobre todo, explicada por causas genéticas. Los factores del entorno en el que viven los niños también ejercen influencia, por supuesto, pero la influencia de los factores ambientales es mucho menor que la influencia de los genes. Tal y como se esperaba, los investigadores también encuentran que las diferencias en el nivel de inteligencia, aunque importantes, no son el único factor heredable que influye sobre la estabilidad académica.

En un segundo artículo, los investigadores analizan a estudiantes universitarios. La idea tras este estudio es que tal vez a medida que la educación avanza los factores genéticos disminuyen su influencia y el aprendizaje acumulado se convierte en la mayor fuerza motriz en la consecución de los logros académicos.

Sin embargo, no se observó nada similar. Los factores genéticos siguen explicando el 57% de las diferencias en las calificaciones de los exámenes de ingreso a la universidad, y explican también el 46% de las diferencias en los logros académicos obtenidos al final de los estudios universitarios. Además, las diferencias genéticas explican en un 51% si los jóvenes escogen ir a la universidad o no, e influyen hasta en un 80% en el tipo de estudios que eligen. En comparación, factores ambientales tales como familia y escuela afectan solo en un 36% a la decisión de estudiar o no en la universidad.

Estos estudios no permitieron identificar qué genes concretos son los responsables de las diferencias en logros académicos, pero los científicos son capaces de generar un "predictor poligénico", es decir, constituido a base de considerar miles de genes cuyas variantes se han visto claramente asociadas a los logros académicos en otro estudio de asociación genómica. Este predictor no fue capaz, sin embargo, de pronosticar las diferencias observadas entre los gemelos y los demás, lo que reveló que muchos más genes que los incluidos en él participaban en estas.

Los investigadores señalan varias importantes conclusiones. La primera es que, si se detectan dificultades de aprendizaje, es importante intervenir lo antes posible, puesto que de otro modo estas serán probablemente estables en el tiempo. En segundo lugar, la influencia de los genes es claramente el factor fundamental en el logro académico, por lo que es muy importante identificar y elegir estudios y desarrollar habilidades para las que los estudiantes estén genéticamente dotados. Estudiar bellas artes puede resultar más difícil a algunos que estudiar cosmología cuántica, por poner un ejemplo, y sin querer decir con ello que estudiar bellas artes o cosmología cuántica resulte fácil. El secreto del éxito puede residir no en esforzarse para conseguir lo que nos resulta difícil, sino en esforzarse para conseguir lo que nos resulte más fácil gracias a nuestra propensión genética para ello.

Referencias: Kaili Rimfeld et al. (2016). Genetics affects choice of academic subjects as well as achievement. https://www.nature.com/articles/srep26373
Emily Smith-Woolley et al. (2018) The genetics of university success. https://www.nature.com/articles/s41598-018-32621-w.pdf
Kaili Rimfeld et al (2018) The stability of educational achievement across school years is largely explained by genetic factors http://www.nature.com/articles/s41539-018-0030-0

2 de diciembre de 2018

LA INVASIÓN EPIGENÉTICA DE LAS CANGREJAS VÍRGENES

El primer ejemplar surgió en un acuario, debido a un error de reproducción

LA INVESTIGACIÓN CIENTÍFICA permite desvelar poco a poco las reglas universales por las que la Naturaleza funciona. Una de estas reglas parece ser que la reproducción de los organismos complejos debe ser sexual. Este tipo de reproducción genera descendencia de una gran diversidad genética, diversidad que es fundamental para asegurar la supervivencia de la especie.

Para entender mejor por qué la diversidad genética es importante, analicemos como ejemplo una situación hipotética. Supongamos que toda la especie humana fuera genéticamente idéntica, todos hermanos gemelos unos de otros. Podemos elegir, en nuestra imaginación, quién deseamos ser. Yo elijo a Donald Trump, me resulta divertido imaginarlo. Si el mundo estuviera poblado por siete mil quinientos millones de Donalds Trumps genéticamente idénticos, ¿qué sucedería?

Tarde o temprano un gran desastre para nuestra especie seria inevitable. Sin embargo, esto no se debería al hecho de ser todos clones de Donald Trump, sino a ser todos genéticamente idénticos. El desastre sucedería igualmente si todas o todos fuéramos clones de Melania Trump, de la hermana Teresa de Calcuta, del Papa Francisco, de Vladimir Putin o de Ángela Merkel.

La catástrofe podría sobrevenir, entre otras causas, si debido a una o a varias mutaciones apareciera un microrganismo para el que nuestro idéntico genoma no estuviera preparado y del que no pudiéramos defendernos. Este microrganismo podría acabar con la vida de todos nosotros. Sin embargo, es imposible que un microrganismo acabe con una especie genéticamente diversa. La diversidad asegurará que algunos miembros de la especie serán resistentes y sobrevivirán. La especie seguirá existiendo.

Otros factores podrían conducir también a la extinción de una especie formada por clones. Estos podrían ir desde cambios en la disponibilidad de agua y alimentos a variaciones de temperatura. Si todos los miembros de una especie fueran igual de susceptibles ante estas y otras modificaciones del entorno, las especies se extinguirían con pasmosa facilidad.

Para aumentar la diversidad genética, e incrementar así la resistencia de una especie a los avatares del entorno, la Naturaleza ha encontrado la solución de la reproducción sexual. Al mezclar obligatoriamente los genomas de dos individuos y tener que elegir para conseguirlo solo el 50% de los genes de cada uno de ellos, la descendencia es mucho más diversa que lo que sería si la reproducción fuera por clonación asexual. Por esta razón, el sexo es la regla en la Naturaleza, no la excepción (aunque llegados a una cierta edad el sexo sea siempre la excepción y no la regla).

Sin embargo, de vez en cuando se producen excepciones. Una de ellas es muy reciente, ya que apareció solo en 1995. Se trata de una nueva especie de cangreja de río llamada *Procambarus virginalis.* Su nombre vulgar es cangreja amarmolada, porque su coloración la hace parecerse al mármol.

UN ERROR DE REPRODUCCIÓN

Y digo bien: cangreja. Esta especie consta solo de hembras que, obviamente, se reproducen sin machos de manera asexuada. Estas cangrejas ponen huevos fértiles de los que solo nacen hembras que son clones virtualmente idénticos a sus madres. Este tipo de reproducción se denomina partenogénesis y algunas especies de animales primitivos la emplean. No obstante, las cangrejas amarmoladas son la única especie de crustáceos que se reproduce de este modo.

¿Cómo surgió semejante ser con un modo de reproducción tan aburrido? Al parecer, el primer ejemplar apareció en un acuario, debido a un error por el cual el huevo fecundado que lo originó recibió dos pares de cromosomas de un progenitor y un tercer juego completo de cromosomas del otro. Esto generó una hembra capaz de reproducirse sola rápidamente y generar un clon de seres idénticos. Cada ocho semanas una de estas hembras genera otras cien.

El dueño del acuario, en Alemania, al descubrir esta nueva, bella y amarmolada especie de cangreja generada por un extraño capricho del azar, decide compartirla con otros acuariófilos del mundo. En el proceso, una de estas hembras escapa y comienza a colonizar los ríos y lagos locales. Desde entonces, ha colonizado varios países de Europa central y la isla de Madagascar.

La ciencia, por supuesto, se interesó por esta exitosa especie y recientemente ha analizado su potencial diversidad genética mediante la secuenciación del genoma de varios ejemplares. Los resultados indican que el genoma de esta cangreja, que contiene quinientos millones de "letras" más que el nuestro, solo muestra cuatro diferencias entre los ejemplares analizados, diferencias que de ninguna manera proporcionan suficiente diversidad genética a esta especie.

No obstante, la especie ha sido capaz de colonizar diferentes entornos acuáticos, menos el marino, a pesar de que estos son marcadamente diferentes en sus condiciones de salinidad (aunque se trate de agua dulce, esta no es siempre de idéntica salinidad) o de temperatura. No es conocido cómo esta especie puede realizar esta hazaña, pero estudios recientes indican que la respuesta podría encontrarse en la epigenética, es decir, en modificaciones químicas en el ADN que controlan el funcionamiento de los genes. De este modo, gracias a estas modificaciones, no todos los genes funcionarían al mismo nivel en diferentes entornos, lo que permitiría una cierta adaptación a ellos.

Es imposible predecir si esta especie continuará su avance colonizador de entornos acuáticos. Tal vez, por azar, estas cangrejas cuentan con un genoma que les permite tener éxito como especie hoy. No obstante, si se produjeran cambios drásticos en el futuro, la escasísima diversidad genética de esta especie podría conducirla a su extinción. Quién sabe, tal vez un microorganismo patógeno similar al del ejemplo mencionado antes acabe con ella. Habrá que esperar para saberlo, pero es indudable que si la Naturaleza sigue unas reglas establecidas es porque son las más eficaces para la supervivencia. Las excepciones drásticas a esas reglas, aunque sean posibles, rara vez tienen finalmente éxito.

Referencia: Gatzmann F. et al (2018). The methylome of the marbled crayfish links gene body methylation to stable expression of poorly accessible genes. Epigenetics Chromatin. 2018 Oct 4;11(1):57. doi: 10.1186/s13072-018-0229-6.

9 de diciembre de 2018

Personas Afantásticas

Las personas afantásticas conocen perfectamente los objetos que se les pide visualizar, pero no pueden evocar su imagen

HACE ALGUNOS AÑOS apareció un libro titulado:"No pienses en un elefante". El título es evocador porque, inevitablemente, lo primero que hacemos la mayoría de nosotros es imaginar uno. Y digo bien, la mayoría de nosotros, no todos. Por increíble que parezca, un pequeño porcentaje de personas no van a imaginar un elefante al leer el título de ese libro. Tampoco imaginarían un elefante si el título fuera "Piensa en un elefante". Resulta que este pequeño porcentaje de personas es incapaz de evocar imágenes. No pueden imaginar elefantes, tampoco perros, ni siquiera el rostro de su madre o de su pareja. Estas personas sufren de una condición llamada afantasía.

El primero que descubrió existencia de personas afantásticas fue Sir Francis Galton, una persona realmente brillante, nombrado caballero por el rey Eduardo VII de Inglaterra en 1909. Galton realizó, en 1880, un estudio estadístico sobre la imaginación y se dio cuenta de que algunas personas carecían de esta cualidad. Entre ellas, Galton descubrió con sorpresa, se encontraban muchos de sus colegas científicos, aunque nunca supo si esto era porque eran hombres, porque eran científicos o porque eran ambas cosas a la vez.

Quizá porque el asunto no fue del agrado de los poco imaginativos científicos de la época, el fenómeno de la afantasía cayó en el cajón del olvido. Tuvieron que pasar más 130 años hasta que en 2010 se publicó un estudio, dirigido por el profesor Adam Zeman, de la Universidad de Exeter, en el que se describe de nuevo la condición de la afantasía.

La razón por la cual la afantasía vuelve a ser estudiada tras más de un siglo tiene que ver con los extraños efectos secundarios sufridos por un paciente con una dolencia cardiaca, al que llamaremos Míster X, MX, que se somete a una angioplastia coronaria para tratarla. La angioplastia consiste en dilatar una arteria o vena que se ha estrechado u ocluido, probablemente por la generación de placas de ateroma, con el fin de restaurar el flujo sanguíneo. Durante el procedimiento, MX informó de que sentía reverberaciones en la cabeza y hormigueos en su brazo izquierdo, síntomas que, en principio, no eran preocupantes.

AFANTASÍA SÚBITA

Sin embargo, cuatro días después, MX acudió al médico quejándose de que había perdido súbitamente la capacidad de evocar imágenes, lo que ya no podía hacer ni dormido ni despierto, ya que MX había perdido también la capacidad de experimentar sueños visuales. Esta pérdida, sin embargo, no sucede en todos los afantásticos y algunos siguen siendo capaces de soñar.

La rareza de este caso estimuló al grupo del profesor Zeman a estudiar en mayor profundidad a MX. Las pruebas a las que se le sometió dieron resultados neurológicos y oftalmológicos normales. La evaluación psiquiátrica fue también normal. MX fue sometido a resonancia magnética para analizar potenciales anomalías en su cerebro, pero esta técnica tampoco delectó ninguna. Su capacidad para reconocer rostros de familiares y amigos no había resultado afectada. Tampoco parecía haberse visto afectada su capacidad para orientarse en ciudades o el interior de los edificios.

No obstante, sí se detectaron patrones de actividad cerebral anormales cuando se solicitó a MX que evocara imágenes. En este caso, las zonas posteriores del cerebro de MX (donde reside el área de procesamiento de datos de la visión) mostraron menor actividad, con respecto a la actividad en personas normales, mientras que la actividad de ciertas de sus regiones frontales (donde reside la capacidad cognitiva racional) se activó.

A pesar de estas anomalías, MX podía realizar correctamente pruebas mentales que, hasta ese momento, se creía dependían de la capacidad de manipular imágenes mentalmente. Por ejemplo, MX realizó correctamente pruebas de rotación, en las que se pide identificar la imagen que ha sido correctamente girada un ángulo en relación con la imagen original. Esto sugería el sorprendente hecho de que la capacidad de imaginar era diferente de la capacidad de realizar una tarea mental relacionada con la orientación espacial. Igualmente, las personas afantásticas conocen perfectamente los objetos que se les pide visualizar, pero no pueden evocar su imagen. Decididamente, la mente es muy sorprendente.

¿Cuántas personas sufren afantasía? Si una vez hubo cuatro fantásticos, el número de afantásticos es muy superior a cuatro: Las estimaciones más recientes indican que alrededor del 2% de la población es incapaz de evocar imágenes mentales. Esto supone que existen más de 140 millones de personas afantásticas en el mundo. Además, esta condición no supone un todo o nada, sino que tiene también sus gradaciones: hay personas que poseen la capacidad de evocar imágenes extremadamente vívidas, mientras que otras, sin ser completamente afantásticas, no pueden evocar imágenes detalladas.

El grupo del Dr. Zeman y también otros científicos han desarrollado pruebas capaces de determinar el grado de fantasía o afantasía. Los resultados de estas pruebas, realizadas a miles de participantes, confirman que, en efecto, la fantasía, como tantas otras cualidades de la naturaleza humana, aparece en un continuo y cada uno de nosotros la posee en un grado mayor o menor. Esto indica que debe contar con una base genética, ya que nadie puede enseñarnos a imaginar, por lo que esta capacidad parece depender exclusivamente de nuestros genes. Desgraciadamente, un exceso de fantasía puede ser patológico ya que aparece asociado con ciertas enfermedades mentales, como la esquizofrenia.

Habrá que esperar al resultado de investigaciones futuras para conocer más sobre la afantasía y sobre qué genes pueden afectarla. Quien sabe, es posible que estos estudios descubran nuevas e insospechadas avenidas para comprender mejor la mente humana y para tratar las enfermedades neurodegenerativas.

Referencias: Adam Zeman (2010). Loss of imagery phenomenology with intact visuo-spatial task performance: A case of 'blind imagination. Neuropsychologia. Volume 48, Issue 1, January 2010, Pages 145-155.
Adam Zeman et al. (2015). Lives without imagery – Congenital aphantasia. Cortex. 73: 378–380. doi:10.1016/j.cortex.2015.05.019.

16 de diciembre de 2018

LOS SORPRENDENTES BENEFICIOS DE UNA VIEJA VACUNA

La vacuna resulta bastante eficaz para luchar contra el cáncer de vejiga

COMO EL INCURABLE ingenuo que soy, aún sigo sorprendiéndome cuando compruebo que muchas personas viven de espaldas a la ciencia. No me refiero aquí a que crean que la ciencia no puede ofrecer respuestas a las cuestiones fundamentales de la existencia humana (que sí puede, aunque las que ofrece no resulten agradables y sea necesario mucho esfuerzo para entenderlas), sino a que viven de espaldas incluso a los beneficios demostrados de la ciencia. Es el caso de las muchas personas que han dejado de creer o nunca han creído en la eficacia de las vacunas, lo que ha causado un repunte de enfermedades que se creían superadas.

Por esta razón, empeñado aún también en creer que lo que escribo puede servir para algo, deseo hablar hoy de los insospechados beneficios descubiertos para una de las vacunas más viejas del mundo: la de la tuberculosis. Esta vacuna fue inventada por el médico francés Albert Calmette y su asistente Jean-Marie Camille Guérin a principios del siglo XX.

La vacuna consta de un bacilo vivo que es el causante de la tuberculosis bovina. Este bacilo es tan virulento como el humano y causa tuberculosis grave tanto en humanos como en los animales bovinos. Sin embargo, Calmette y Guérin se propusieron cultivar el bacilo en el laboratorio, en diversas condiciones, para intentar conseguir variedades menos virulentas que pudieran ser utilizadas como vacunas. Encontraron que el bacilo podía ser cultivado en una especie de sopa a base de patata y de glicerina, en la cual perdía parte de su virulencia. Tras subcultivar el bacilo 239 veces y analizar sus propiedades virulentas durante trece años, seleccionando progresivamente los bacilos menos virulentos, Calmette y Guérin consiguieron la variedad de bacilo que lleva su nombre (con las iniciales: BCG), el cual es mucho menos virulento que el original y ha sido empleado como vacuna contra la tuberculosis en cientos de millones de personas en el mundo.

La eficacia de esta vacuna contra la tuberculosis meningítica es muy alta, pero no lo es tanto contra la tuberculosis pulmonar. No obstante, la vacuna ha sido continuamente utilizada desde 1921. Es la vacuna más antigua que aún se sigue empleando, a falta de otra más eficaz. Las vacunas más modernas rara vez incluyen organismos vivos, por muy atenuados en su virulencia que puedan ser, ya que siempre existe el riesgo de que esos organismos puedan recobrar por mutación su virulencia original y causar enfermedad. Por esta razón, las vacunas actuales constan de componentes moleculares inertes, aislados de un microrganismo, contra los que el sistema inmune reacciona y genera protección contra el microrganismo completo. La vacuna BCG es una excepción.

BCG Y SALUD

Tal vez por ser excepcional, la comunidad científica en esos últimos años ha estado interesada en estudiar más de cerca la salud de las personas vacunadas con el bacilo BCG. Lo que se ha descubierto resulta sorprendente y no solo atañe a la protección que la vacuna confiere contra las diversas formas de tuberculosis, sino a otros insospechados beneficios para la salud.

Podemos comenzar con el impresionante descubrimiento de que las personas que sufrían de tuberculosis tenían menor incidencia de cáncer. Esto condujo al descubrimiento de que la vacuna resulta bastante eficaz para luchar contra el cáncer de vejiga y hoy más de tres millones de pacientes de este tipo de cáncer han sido tratados con éxito con inyecciones directas de esta vacuna en la vejiga, que se han empleado desde 1977. Esta vacuna supone, por tanto, una de las primeras estrategias empleadas de inmunoterapia contra el cáncer. Aún no se conocen con certeza los mecanismos por los que funciona. Se cree, no obstante, que el hecho de que la vacuna contenga un organismo vivo estimula al sistema inmune de formas que las vacunas que solo están compuestas por moléculas inertes no pueden lograr.

La vacuna BCG produce también beneficios frente a enfermedades alérgicas y autoinmunes. Entre las primeras tenemos el asma, una enfermedad que puede conducir en ocasiones a la muerte. Pues bien, los vacunados con BCG son protegidos del desarrollo de asma y también de otras enfermedades alérgicas. La razón de este efecto es mejor comprendida y está relacionada con el desarrollo del sistema inmunitario en la infancia, que puede verse afectado negativamente en ambientes con bajos niveles de microrganismos, es decir, higiénicos en exceso. Es lo que se ha llamado la "hipótesis de la higiene" que intenta explicar el claro aumento de las alergias de estos últimos años en los países desarrollados. Al parecer, un exceso de higiene produce efectos indeseados en el sistema inmune, el cual, falto de amenazas reales, reacciona de forma inadecuada frente a estímulos inocuos, como granos de polen. La vacuna BCG, al estar formada por un microrganismo vivo, "educaría" correctamente al sistema inmunitario en desarrollo e impediría que este invirtiera energía innecesaria en luchar contra enemigos inexistentes.

Un similar efecto protector de la vacuna se ha observado frente a las enfermedades autoinmunitarias, en las que el sistema inmunitario comete el grave error de atacar a células del propio organismo, confundiéndolas con enemigos. Entre esas enfermedades se encuentran algunas de la gravedad de la esclerosis múltiple y también la diabetes mellitus de tipo 1, enfermedad causada por el ataque del sistema inmunitario a las células beta del páncreas productoras de insulina. La eliminación de estas células conduce a la imposibilidad de fabricar insulina y, por consiguiente, a la diabetes.

Los anteriormente mencionados no son los únicos efectos beneficiosos de esta sorprendente vacuna. La investigación continúa y promete revelarnos interesantes secretos sobre el funcionamiento del sistema inmunitario y su relación con el cáncer y otras enfermedades. Como en tantas otras ocasiones parece cuestión de magia, pero es solo cuestión de pura ciencia.

Referencias: Hashizume A. el al (2018). Enhanced expression of PD-L1 in non-muscle-invasive bladder cancer after treatment with Bacillus Calmette-Guerin. Oncotarget. 2018 Sep 25; 9(75):34066-34078. doi: 10.18632/oncotarget.26122. (2) BCG, il peut en fait tout soigner. Science et vie 1214.

23 de diciembre de 2018

ATRAPADOS POR EL *BIG DATA*

Cada uno porta en su genoma características particulares

POR ESTAS FECHAS, las revistas científicas más importantes suelen publicar informes sobre los logros científicos más significativos del año que acaba de terminar. Es un buen momento para echar un vistazo a los generalmente impresionantes éxitos conseguidos en solo un año. Al analizarlos, pienso a veces que si la política avanzara a la misma velocidad que la ciencia estaríamos ya muy cerca de vivir en un mundo justo, pacífico y feliz.

No obstante, la ciencia, poco a poco, pero de manera imparable, también contribuye a conseguir un mundo justo. Esta contribución, por el momento, no proviene de la ingente cantidad de conocimiento desvelado sobre nuestra propia naturaleza, conocimiento que, aplicado debidamente, ayudaría de forma innegable a cambiar mucho las cosas. En cambio, la principal contribución de la ciencia a la justicia proviene de aspectos técnicos como, por ejemplo, los ensayos de ADN que permiten identificar a un asesino o violador que haya dejado restos biológicos en la escena del crimen.

Las pruebas de ADN son posibles gracias a que, a pesar de que todos poseemos en un 99,9% un ADN idéntico, una parte de ese 0,1% restante es individual. Cada uno porta en su genoma características particulares. Esta "huella dactilar" está formada por secuencias de "letras" en regiones concretas del genoma que se repiten varias veces. Las repeticiones son únicas para cada persona, por lo que, determinando por diversas técnicas de biología molecular cuáles son, podemos generar un perfil de ADN e identificar con él a cada cual con una fiabilidad superior a la de las verdaderas huellas dactilares de nuestros dedos.

Hasta 2018, la única manera de confirmar que una persona era autora de un crimen, mediante pruebas de ADN, era cotejar las muestras de ADN obtenidas en la escena del crimen con el ADN extraído, tras orden judicial, de los tenidos por sospechosos gracias a otros indicios. Sin embargo, si no se había podido incriminar a nadie, el ADN obtenido en la escena del crimen por sí solo no permitía descubrir quién era el criminal. Pues bien, esto es ya cosa del pasado. A partir de ahora es posible identificar a una persona que ha dejado un resto de ADN, incluso sin necesidad de extraer el ADN de esa persona para compararlo con el encontrado en la escena del crimen, e incluso si jamás esa persona ha sido sometida antes a análisis de ADN alguno.

Este sorprendente avance comienza con el relanzamiento de la investigación sobre una serie de violaciones y asesinatos cometidos en California de 1979 a 1986 que no habían podido ser esclarecidos. Las pesquisas iniciales determinaron que los crímenes habían sido perpetrados por un mismo individuo, varón, blanco, de unos 1,75 metros de altura y de unos treinta y tantos años. Sin embargo, los datos recopilados no habían sido suficientes para incriminar a un sospechoso. Afortunadamente, sí se había podido obtener material biológico del asesino en la escena de uno de sus crímenes, cometido en 1980, pero en ausencia de sospechosos incluso las más modernas tecnologías de análisis de ADN resultaban inútiles porque no había nadie con quien comparar el perfil del ADN obtenido.

Big Data y ADN

Sin embargo, durante las tres ultimas décadas, esta tecnología ha sido empleada, sobre todo en EE. UU., para generar grandes bases de datos de perfiles de ADN que son utilizadas para buscar familiares lejanos y generar árboles genealógicos. Obviamente, el perfil genético de familiares es más parecido al nuestro que el de personas no relacionadas. Una de esas bases de datos, llamada GEDmatch, contenía, a principios de 2018, 1,3 millones de perfiles de ADN y, al ser pública, cualquiera, sin requisitos judiciales, podía subir a ella un perfil de ADN para intentar encontrar a familiares lejanos.

Con la experta ayuda de la científica Barbara Rae-Venter, reconocida como una de las personas más importantes del año por la revista *Nature*, las autoridades subieron a GEDmatch el perfil de ADN obtenido en la escena del crimen. La búsqueda consiguió identificar a varias personas que podían ser primos terceros o cuartos del asesino.

Con esta información y otros datos proporcionados por la policía, la Dra. Rae-Venter consiguió construir un árbol genealógico y desvelar quiénes eran todos los miembros de esa familia, también aquellos que no habían enviado su perfil de ADN a GEDmatch. A continuación, buscaron quién de esa familia podía encajar con las características conocidas del asesino. De este modo, acabaron dando con Joseph James De Angelo, a quien llevaron ante la justicia en abril de 2018 tras conseguir una muestra de su ADN y cotejarla con la encontrada en la escena del crimen. Los perfiles resultaron ser idénticos.

Solo en 2018 el mismo método ha servido para esclarecer otros doce asesinatos que carecían de sospechosos. Son buenas noticias. Es posible que estas nuevas técnicas impidan para siempre que asesinos y violadores escapen a la justicia durante décadas, como ha sido el caso de De Angelo.

Son también malas noticias para nuestro derecho a la intimidad. Un estudio publicado el pasado octubre indica que cuando la base GEDmatch disponga de tan solo tres millones de perfiles de ADN (lo que supone menos del 1% de la población de los EE. UU.) será posible identificar al 90% de los estadounidenses blancos por el simple procedimiento de conseguir una muestra de ADN y cotejar su perfil con la base de datos, y eso sin considerar las posibilidades que ofrecen otras bases con mayor número de datos. Por ejemplo, si queremos saber quién es la amante americana de nuestro marido, podríamos identificarla por este procedimiento, siempre que podamos recoger ese pelo pegado al cuello de su camisa y obtener con él su perfil de ADN.

Como es habitual, las nuevas herramientas que la ciencia y la tecnología ponen a nuestra disposición son armas de doble filo que pueden ser utilizadas para conseguir un mundo más justo o, al contrario, como elementos de control social. Conviene estar informados sobre las posibilidades que ofrecen estos avances para poder influir de manera sensata en su regulación mediante el apoyo a la aprobación de leyes que defiendan el tipo de sociedad en la que deseamos vivir.

Referencia: Erlich Y, et al. Identity inference of genomic data using long-range familial searches. Science. 2018, Nov 9;362(6415):690-694. doi: 10.1126/science.aau4832. http://science.sciencemag.org/content/early/2018/10/10/science.aau4832. Epub 2018 Oct 11.

30 de diciembre de 2018

Fin de Quilo de Ciencia, volumen XI (2018)

www.ingramcontent.com/pod-product-compliance
Lightning Source LLC
Chambersburg PA
CBHW071420180526
45170CB00001B/164